KB170322

매일매일
샌드위치

매일매일 샌드위치

초판 1쇄 발행 2023년 9월 27일
초판 2쇄 발행 2024년 6월 14일

지은이 신미영, 윤상희, 이예원

발행인 장상진
발행처 (주)경향비피
등록번호 제2012-000228호
등록일자 2012년 7월 2일

주소 서울시 영등포구 양평동 2가 37-1번지 동아프라임밸리 507-508호
전화 1644-5613 | **팩스** 02) 304-5613

ISBN 978-89-6952-558-1 13590

· 값은 표지에 있습니다.
· 파본은 구입하신 서점에서 바꿔드립니다.

Enjoy Everyday Sandwich

★

매일매일 샌드위치

• 신미영 • 윤상희 • 이예원 지음 •

경향BP

프롤로그

오늘 샌드위치는 뭐예요?

"은솔아~ 희섭아 밥 먹자! 오늘은 어떤 간식이 먹고 싶어? 샌드위치 만들어줄까?"

매일 연년생 두 녀석의 밥과 간식을 챙기는 것이 저에게는 가장 큰 일이었습니다. 남편이 직업군인이어서 타지에서 혼자서 아이 둘을 돌보는 경우가 많았기에 아빠의 자리를 조금이나마 더 채워주고 싶은 마음이 컸어요. 엄마의 사랑이라고 생각되었던 따뜻한 밥상을 매일 챙겨주는 것이 저의 보람이기도 했고 낙이기도 하였지요.

'어느 날 갑자기'라는 말이 맞는 것 같아요. 하루하루 아이들 간식을 챙겨주는 데 진심을 다했던 게 이렇게 책 출간이라는 결실을 맺다니…. 저로서는 깜짝선물을 받은 듯합니다.

사실 '내가 책을?'이라는 생각도 들었지만 10년이 넘는 시간을 이어오면서 블로그라는 공간을 통해 다양한 요리를 기록하고 많은 분과 소통하고 있기에 용기를 낼 수 있었습니다. 또한 함께 책을 쓰게 된 두 분이 저에게는 큰 힘이 되었습니다.

우리 아이가 좋아하고 가족들이 좋아하는 샌드위치를 소박하게 담았습니다. 아이를 생각하는 엄마의 마음으로 정성껏 만들었던 샌드위치 30종을 골라 레시피를 정리했습니다. 가정적인 메뉴라 친숙할 테지만 제 아이들을 사로잡았던 그 맛에는 무언가 특별함이 담겨 있다고 생각합니다.

제철에 만나볼 수 있는 재료를 더해서 누구라도 손쉽게 따라하고 맛볼 수 있는 레시피들입니다. 매일의 간식으로, 또는 특별한 날의 음식으로, 주말의 브런치로 언제든 그날그날 냉장고에 있는 재료로 쉽고 맛있게 더해보세요. 부디 저의 샌드위치 레시피로 많은 분이 맛있고 행복한 시간을 보내길 바랍니다. 매일매일 샌드위치를 사랑하는 이와 맛있게 나눠보세요.

은솔희섭mom

프롤로그

건강하고 든든한 한 끼로도 좋아요!

늦은 나이에 결혼을 하고 뒤늦게 요리에 흥미를 가지게 되면서 가족을 위해 매일 누구보다 일찍 일어나 식사를 준비하고 도시락을 챙겨주시던 어머니에게 고맙고 존경스러운 마음이 들었습니다. 더 프로답게 공부해보자 해서 한식, 양식, 중식, 이탈리아 요리 등 다양한 요리 클래스를 수강했습니다. 그 시간은 제 요리 세계의 폭을 넓혀주는 소중한 계기가 되었습니다.

10년 넘게 남편의 도시락을 챙기다 보니 먹기 편하면서 영양소가 고르게 들어가는 메뉴를 찾게 되었는데 그럴 때 샌드위치를 자주 만들게 되었어요. 샌드위치는 육류, 해산물, 채소, 과일 등 다양한 재료를 조합해 영양 밸런스를 고르게 조절할 수 있고 하나만 먹어도 든든했어요. 또 조금씩만 재료의 변화를 주어도 매일매일 새롭게 만들 수 있어 매력적이었습니다.

매일 도시락을 싸면서 저만의 노하우가 생겼고, 그 덕분에 샌드위치 책을 함께 쓰는 일에 용기를 낼 수 있었습니다. 남녀노소 누구나 부담 없이 먹을 수 있고, 누가 만들어도 맛있는 샌드위치 레시피 30가지를 실었습니다. 때로는 간단하게, 때로는 특별하게 샌드위치를 즐겨보세요. 부디 이 책이 샌드위치를 즐기는 데 도움이 되면 좋겠습니다.

윤스

프롤로그

내 맘대로 조합해서 재밌고 또 맛있어요!

결혼 초 갑작스러운 남편의 해외 발령으로 요리와 홈베이킹이 취미이자 최대 관심사가 되었습니다. 식빵과 베이글, 치아바타 등 빵을 직접 굽다 보니 자연스레 샌드위치도 함께 만들게 되었고요.

어떤 재료로 속을 채우느냐에 따라, 어떤 빵과 소스를 사용하느냐에 따라 새롭게 즐길 수 있어 샌드위치는 더욱 매력적으로 다가왔습니다. 영양도 골고루 섭취할 수 있어 아이들 간식은 물론 간단한 한 끼 식사로, 특히 지인들을 초대했을 때 티푸드로 준비하면 인기가 참 좋았어요.

처음엔 친숙한 재료들로 어디에서나 볼 수 있는 샌드위치를 만들었는데 자주 만들다 보니 좀 더 특별한 샌드위치를 만들어 보고 싶다는 욕심이 생겼습니다. 브런치 카페와 샌드위치 맛집을 다니며 맛보고 연구하고 고민한 결과 맛도 비주얼도 업그레이드된 저만의 스타일을 완성할 수 있었어요. 책 출간이라는 좋은 기회가 찾아와 레시피를 공유할 수 있어서 감사한 마음입니다.

아무리 맛이 좋아도, 아무리 모양새가 멋스러워도 들어가는 재료가 구하기 어렵거나 과정이 힘들다면 선뜻 시작하기 어렵지요. 블로그를 운영하면서 인기 많았던 누구나 좋아할 만한 기본 샌드위치부터 조금은 특별한 재료로 만드는 새로운 샌드위치까지 다양하게 담아보려 노력했습니다.

맛과 영양 밸런스는 물론 비주얼까지 고려해 만든 레시피이니 간단하게 혹은 근사하게 주방 한쪽에 두고 매일매일 펼쳐보는 책이 되길 바랍니다.

알콩

차례

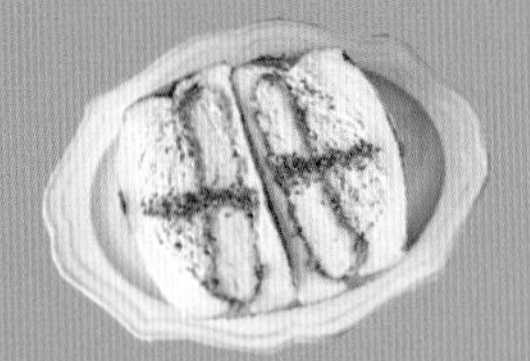

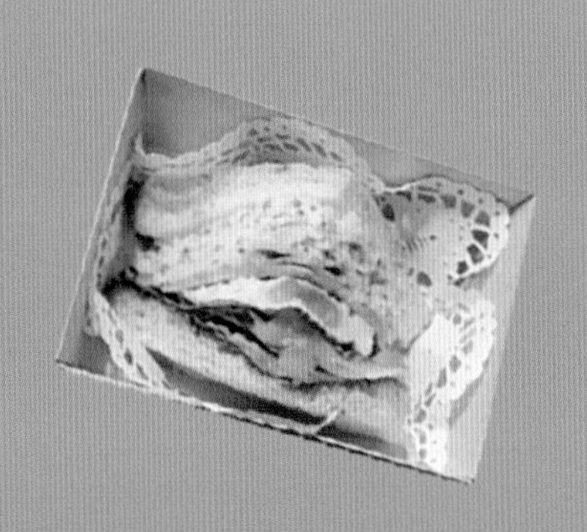

PART 1

엄마 손맛이 더해지니
누구나 좋아해

은솔희섭mom 샌드위치

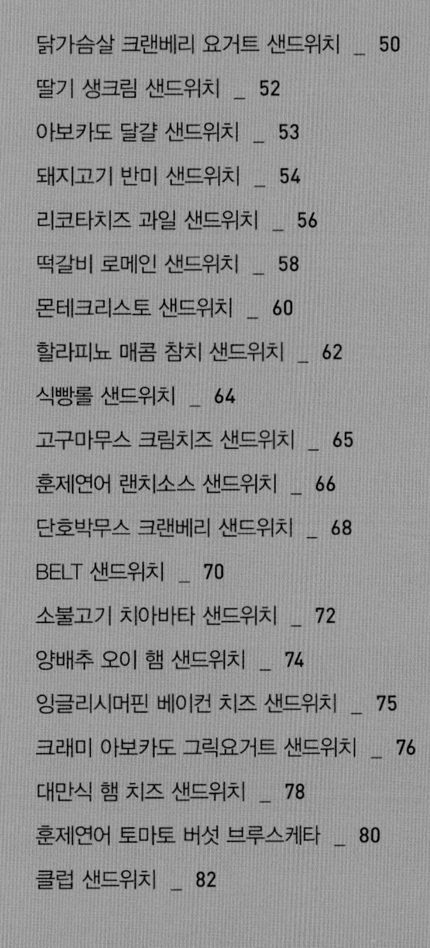

PART 2

스프레드가 다양하니
입안이 즐거워

윤스 샌드위치

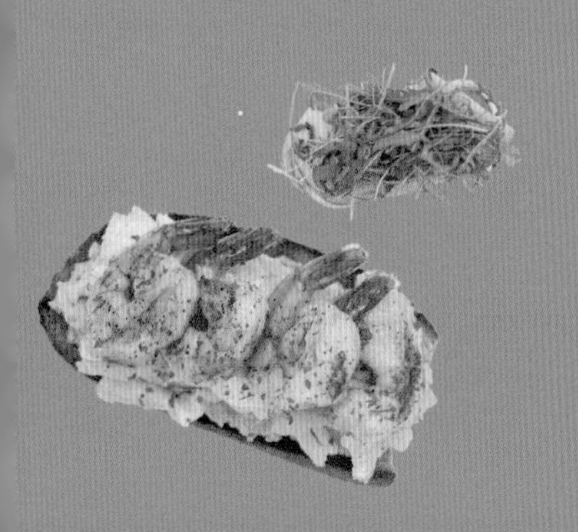

PART 3

볼륨감이 남다르니
비주얼도 훌륭해

알콩 샌드위치

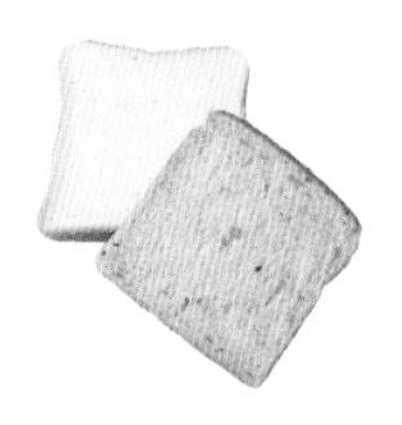

식빵, 잡곡식빵

가장 기본이 되고 보편적인 샌드위치용 빵으로 어떤 재료나 소스와도 어우러짐이 좋습니다. 정사각형 식빵을 활용하면 썰었을 때 모양도 일정하고 테두리를 잘랐을 때 손실도 적습니다. 화이트 식빵을 기본으로 현미, 통밀 등 구수한 잡곡식빵도 잘 어울립니다.

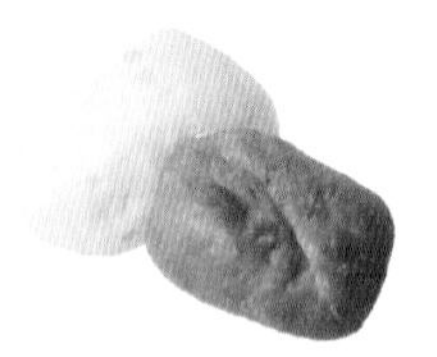

치아바타

쫄깃하고 담백한 맛이 좋은 이탈리아의 대표적인 빵으로 모든 재료와 어울림이 좋은데 특히 육류, 햄, 치즈와 잘 어울립니다. 차갑게 먹어도, 모차렐라치즈와 함께 그릴에 구워 파니니로 즐겨도 좋습니다.

바게트

막대기란 뜻을 가진 프랑스 빵으로 길쭉한 모양입니다. 겉은 바삭하면서 속은 쫄깃하고 무미에 가까워 식사빵이나 샌드위치용으로 좋습니다. 미니 사이즈는 물론 부드러운 소프트 바게트, 쌀로 만든 바게트 등 선택의 폭도 다양합니다.

베이글

가운데가 뚫린 둥지 모양의 빵으로 담백하면서 묵직하고 든든해 식사빵으로 좋습니다. 반으로 갈라 구워 크림치즈를 발라 먹어도 좋고 베이컨, 연어, 치즈 등과 함께 샌드위치로 만들어도 좋습니다.

깜빠뉴

프랑스 전통 시골빵으로 껍질은 두껍고 단단하며 속은 쫄깃합니다. 밀가루에 호밀이나 통밀을 섞어 만들어 열량이 낮고 이스트 대신 천연발효종으로 발효해 소화가 잘되고 속이 편합니다. 적당한 두께로 썰어 오픈 샌드위치로 만들면 좋습니다.

모닝빵

한 손에 들어오는 작은 사이즈로 우유와 버터가 많이 들어가 고소하고 촉촉합니다. 반으로 갈라 샐러드 종류를 채우거나 미니 햄버거를 만들어도 좋습니다.

크루아상

초승달 모양에 얇은 층이 여러 겹 겹쳐 있는 형태로 바삭하고 쫄깃하면서 고소한 풍미가 있는 프랑스 빵입니다. 주로 반으로 갈라 속을 채워 넣는데 층이 얇아 수분을 금방 흡수하는 특성이 있어 물기 없는 속재료를 사용합니다. 미니 사이즈로 작게 만들어 빠르게 섭취하는 것도 좋습니다.

크로플

크루아상 생지를 와플메이커에 넣고 눌러 구운 빵으로 비주얼도 좋고 바삭하면서 쫀득한 식감도 좋습니다. 반으로 가르거나 오픈 샌드위치 형태로 만들기 좋은데 햄이나 치즈 외에 생크림, 과일과도 잘 어울립니다.

핫도그번

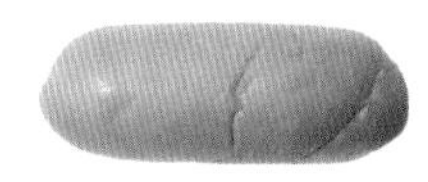

소시지를 끼워 넣기 좋은 길쭉한 핫도그용 빵입니다. 소시지 외에도 불고기, 닭고기, 달걀볶음 등 다양한 재료를 채워 넣어도 좋습니다.

또띠아

밀가루 반죽을 얇게 펴서 구운 멕시코 빵입니다. 내용물을 올려 돌돌 말거나 사면을 접어 감싸 샌드위치로 만듭니다. 불고기나 닭고기에 야채, 치즈를 더해 반으로 접어 구워 퀘사디아로 만들어도 좋습니다.

소금빵

진한 버터향에 짭짤한 맛이 매력적인 일본 빵입니다. 칼집을 깊게 넣어 속재료를 채우는데 빵 자체가 짭짤하기에 속재료의 간은 약하게 해주는 게 좋습니다. 팥앙금, 생크림 등 달콤한 재료와도 잘 어울립니다.

꿀호떡

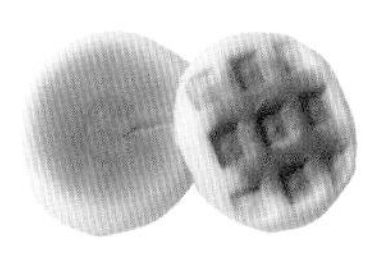

가운데에 꿀이 들어 있어 달콤한 맛이 좋은 마트용 빵입니다. 햄버거번 대신 이용하거나 빵 사이에 햄, 치즈를 넣고 샌드위치로 만들어도 좋습니다. 와플메이커로 눌러 구워주면 비주얼 좋게 따뜻하게 즐길 수 있습니다.

햄버거번

수제버거를 만들 때 사용하는 퐁신하고 부드러운 둥근 형태의 빵입니다. 반으로 갈라 채소, 패티, 햄, 베이컨, 치즈, 토마토 등을 사이에 끼워 먹습니다. 일반 햄버거번 외에 오징어 먹물을 넣은 먹물번도 있습니다.

치아바타 데미바게트

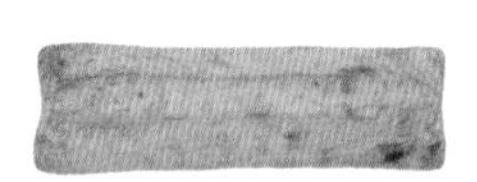

바게트처럼 길쭉하지만 속은 치아바타의 쫀득한 결로 이루어진 빵입니다. 반으로 갈라서 속재료를 넣어 샌드위치로 만들면 더 맛있습니다. 마늘바게트나 피자빵으로 활용해도 좋습니다.

사우얼브레드

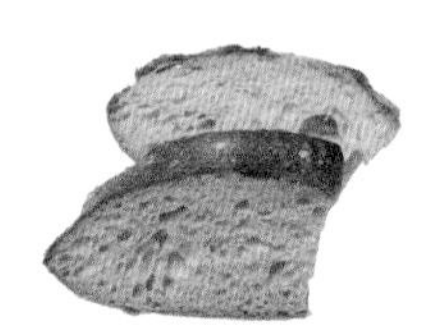

통밀이 들어간 발효빵으로 특유의 산미가 매혹적인 유럽식 식사빵입니다. 거친 느낌의 크러스트에 속은 고소하고 탄력 있는 식감이라 그대로 먹어도 좋고 치즈 등을 올려 구워 먹어도 좋습니다. 오픈 샌드위치용 빵으로도 어울립니다.

잉글리시머핀

영국에서 아침식사로 많이 먹는 빵입니다. 우유를 넣어 반죽해 작고 둥글납작한 모양으로 만듭니다. 빵 자체가 달지 않아서 대부분 버터나 잼을 발라서 먹습니다. 베이컨, 달걀프라이 등을 곁들여서 샌드위치 스타일로 맛보는 레시피도 있습니다.

호기브레드

곡물을 배합하여 고소한 풍미가 좋은 샌드위치 빵입니다. 다채롭게 활용할 수 있습니다.

소고기

햄버거, 피자빵, 스테이크 샌드위치를 만들 때 사용합니다. 스테이크를 만들 때는 안심이나 등심을 두툼한 두께로 준비합니다. 다진 소고기에 향신 채소와 양념을 넣어 패티를 만들어 사용하거나 불고기 양념을 하여 볶아 사용합니다.

돼지고기

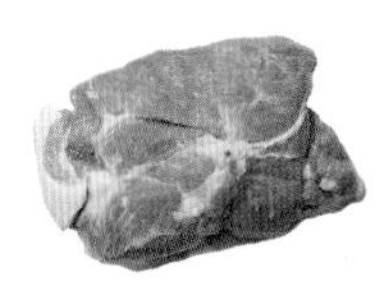

진한 육향과 풍부한 육즙의 앞다릿살이 식감이 좋아 샌드위치 재료로 좋습니다. 양념이 잘 배어들도록 얇게 썰어 양념하여 구워서 반미 등에 사용합니다. 목살은 지방보다 살코기 비율이 높아 담백하게 먹기 좋은 부위라 양념하여 조리한 후 잘게 찢어 샌드위치 속재료로 활용하기 좋습니다.

닭고기

정육 닭다릿살은 퍽퍽하지 않고 부드러우면서도 쫄깃한 식감이 좋아 양념하여 구워주면 맛있는 부위입니다. 채소 등과 함께 샌드위치를 만들면 잘 어울립니다. 닭가슴살은 지방 함량이 적어 다이어트하는 사람들이 많이 찾는 부위인데 그만큼 다른 부위보다 퍽퍽한 식감이라 부드러운 리코타치즈 등과 함께 샌드위치를 만들면 잘 어울립니다. 케이준 양념하여 구운 케이준치킨도 특유의 향긋한 맛이 더해져 샌드위치 재료로 좋습니다. 요즘은 시판 제품도 다양하게 나와 있으니 샌드위치를 만들 때 활용해보세요.

샌드위치햄

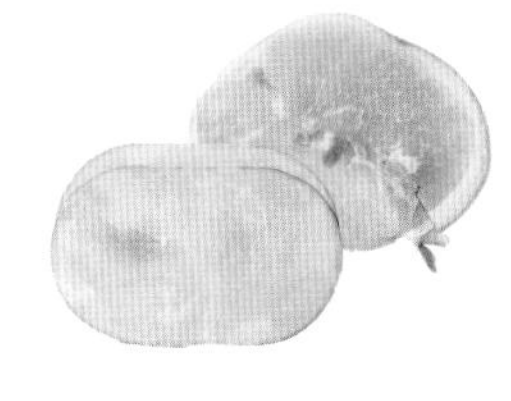

샌드위치 재료로는 조리 없이 바로 사용할 수 있는 생식용 슬라이스햄이 좋습니다. 돼지고기 함량이 높으면서 많이 짜지 않은 사각 모양의 샌드위치햄과 뒷다릿살로 만들어 담백한 홀머슬햄, 잠봉 등이 있습니다.

베이컨

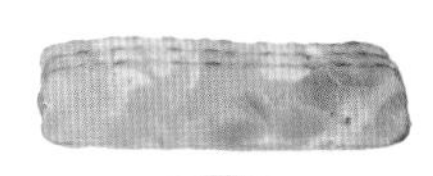

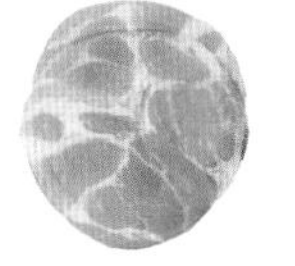

고소한 삼겹살베이컨, 담백한 전지베이컨, 동그란 모양의 목살베이컨, 생으로도 먹을 수 있는 카나디언베이컨 등 빵 모양이나 기호에 맞게 사용합니다. 샌드위치용으로는 많이 짜지 않은 제품이 좋습니다. 팬에 올려 앞뒤로 노릇노릇 바삭하게 구운 뒤 키친타월로 기름기를 제거해 사용하세요.

샤퀴테리(소시지 고기)

파스트라미는 진한 감칠맛의 소고기 샤퀴테리로 양지나 사태에 후추, 월계수잎, 정향 등의 향신재료를 더해 염지한 후 훈연하여 만듭니다. 살라미는 다진 고기로 만드는 샤퀴테리로 다진 고기에 돼지 지방과 향신료, 럼 등을 더해 빚어낸 뒤 건조 숙성하여 만듭니다. 짭짤한 맛과 은은한 향신료의 향이 조화롭게 어울립니다. 등심햄은 기름기가 적고 담백한 맛이 특징인 등심 부위를 베이컨과 같은 방식으로 훈연하여 만듭니다.

새우

큼직한 칵테일새우나 손질 새우는 탱글한 식감이 우수한 편입니다. 다져서 패티로 만들어 활용하여도 좋고 새우살 그대로 매콤한 양념을 하여 구운 후 아삭한 채소와 빵 속에 넣어주면 잘 어울립니다.

연어

생연어는 구입하여 각자 입맛에 맞게 양념하여 사용합니다. 훈제연어는 신선한 연어를 오랜 시간 훈연하여 풍미가 진합니다. 감칠맛과 풍미도 좋고 간도 잘 맞아 특별한 조리 과정 없이 샌드위치 재료로 적합합니다. 그라브락스는 땅속에 묻은 연어라는 뜻입니다. 소금에 절인 후 묻어 발효시킨 데에서 그라브락스 연어라 불리게 되었습니다. 그런데 요즘은 설탕, 소금, 레몬필, 딜 같은 향신 재료를 넣어 숙성시켜 만듭니다. 요즘은 아예 그라브락스된 제품도 쉽게 구입할 수 있습니다.

게살

탱글탱글하고 쫄깃한 식감, 은은한 고소함과 단맛이 가득해 남녀노소 좋아하는 식재료입니다. 고소한 마요네즈와 버무려주면 샌드위치 재료로 훌륭합니다.

체더치즈

부드럽고 고소한 우유의 풍미가 참 좋은 가장 일반적이고 대중적인 치즈입니다. 모든 종류의 샌드위치에 잘 어울립니다.

• 서울우유 제품

고다치즈

체더치즈보다는 향이 조금 강하지만 고급스러운 풍미가 느껴지는 네덜란드 치즈입니다. 숙성 기간에 따라 맛과 질감이 달라지는 특성상 잘 어울리는 제품의 선택이 중요합니다.

• 하젤레거 제품

에멘탈치즈

짜지 않고 순하며 달큰 고소한 풍미가 좋은 스위스 치즈입니다. 구멍이 뻥뻥 뚫린 비주얼이 귀엽습니다. 그뤼에르치즈와 함께 퐁뒤의 재료로 사용되는 만큼 열에 잘 녹아 불고기 등 따뜻한 샌드위치에 좋고, 잠봉과의 어우러짐도 좋습니다.

• 페이장브레통 제품

모차렐라치즈

열을 가하면 쭉 늘어나는 특성을 가진 이탈리아 치즈로 피자에 주로 쓰입니다. 단독으로 사용해도 좋지만 고다, 체더, 콜비잭 등과 함께 섞인 제품을 사용하면 좀 더 풍미가 좋습니다. 따뜻하게 데워 먹는 샌드위치에 사용합니다. 숙성하지 않은 생모차렐라의 경우 생으로 먹는 샐러드나 샌드위치에 잘 어울립니다.

• 쁘띠구르르망 제품, 벨지오이오소 제품

하바티치즈

덴마크를 대표하는 치즈입니다. 표면에 오톨도톨한 구멍이 나 있고 약간의 신맛이 돌긴 하지만 과하지 않습니다. 모차렐라치즈처럼 가열하는 요리에 잘 어울립니다.

• 알라 제품

마일드체더치즈

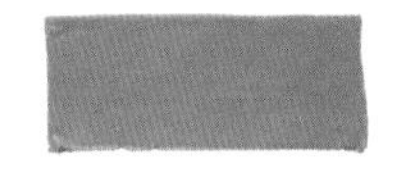

영국의 전통 체더치즈보다 조금 더 가벼운 맛을 자랑하는 체더치즈입니다. 샌드위치에 사용하거나 맥앤치즈 등에 활용하면 고소하고 부드러운 맛을 더해줍니다.

• 캐시벨리 제품

몬테레이잭치즈

생으로 맛보면 가벼운 산미가 나고 가열하면 온화하면서 부드러운 맛이 느껴지는 치즈입니다.

• 캐시벨리 제품

콜비잭치즈

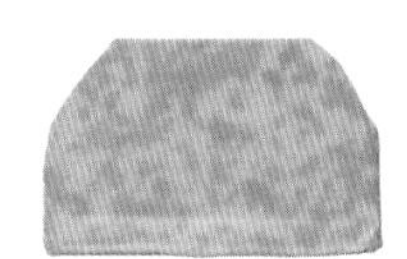

부드러운 맛의 몬테레이잭치즈와 짭조름한 맛의 노란색 콜비치즈를 조합해 만든 치즈입니다. 고소하지만 짠맛이 있어서 적당량 사용해야 합니다. 토핑용으로 많이 사용합니다.

• 캐시벨리 제품

페퍼잭치즈

몬테레이잭치즈에 할라피뇨가 들어간 치즈입니다. 매콤한 맛을 선호하는 이에게 추천합니다.

• 캐시벨리 제품

리코타치즈

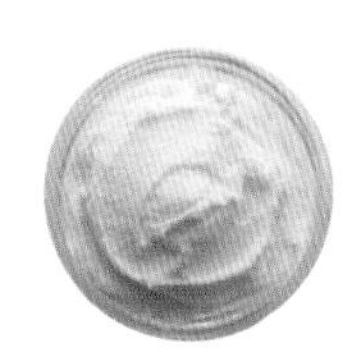

부드러우면서도 신선한 맛으로 샌드위치에 잘 어울립니다. 시판되는 제품도 많지만 만들기가 쉬우니 집에서 직접 만들어도 좋습니다.

• 매일유업 제품

브리치즈

깊고 부드러운 맛이 더해진 치즈로 치즈의 여왕으로 불립니다. 슬라이스하여 샌드위치 재료로 활용하면 좋습니다.

• 일드프랑스 제품

로메인

서양 상추라고도 불리며, 일반 상추에 비해 쓰지 않고 고소하면서 식감이 아삭해 어떤 샌드위치와도 잘 어울립니다. 잘 무르지 않으면서 비교적 잎이 넓은 편이라 안정감 있게 재료를 올리기 좋습니다.

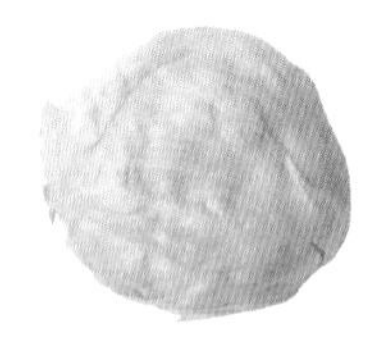

양상추

수분이 많고 식감이 아삭하며 쓴맛이 강하지 않아 샌드위치와 샐러드의 가장 기본이 되는 채소입니다. 단독으로 여러 장 겹쳐 두툼하게 올려도 좋고, 로메인과 함께 사용해도 좋습니다.

와일드 루콜라

쌉싸름하면서 살짝 매콤한 향이 독특한 채소로 샌드위치뿐만 아니라 샐러드, 피자 토핑으로도 잘 어울립니다. 잎이 뾰족하고 기다란 모양의 와일드 루콜라가 일반 루콜라보다 좀 더 향이 순하고 잘 무르지 않아 샌드위치에 사용하기 좋습니다.

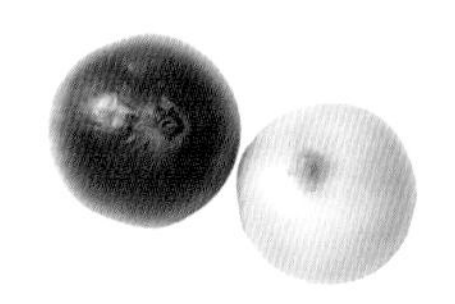

양파/자색양파

양파는 육류가 들어간 샌드위치에 특히 잘 어울립니다. 생으로 사용할 때는 차가운 물에 잠시 담가 매운맛을 뺀 후 사용합니다. 볶아서 사용할 때는 갈색이 돌 때까지 충분히 볶아주어야 풍미가 좋습니다. 색감이 예쁜 자색양파는 토핑이 밖으로 드러나는 샌드위치에 사용하면 좋습니다.

토마토

새콤 상큼한 맛이 좋아 모든 샌드위치의 맛을 업그레이드해줍니다. 빨갛게 완숙된 토마토를 사용합니다. 빵 크기에 맞게 사이즈를 선택해 가로로 도톰하게 슬라이스해 넣어주세요. 물기가 많아 축축해질 수 있으니 키친타월로 물기를 제거해 사용합니다.

시금치

한식 반찬으로 더 친숙한 채소이지만 버터에 볶아주면 고소한 맛이 증가하고 식감이 더 아삭해져서 빵과도 잘 어울립니다.

청상추

잎 전체가 초록색을 띠며 쓴맛은 없고 아삭한 식감이 뛰어나서 샌드위치 만들기에 적합한 채소입니다.

완두콩

비타민과 식이섬유가 풍부하고 익히면 단맛이 납니다. 터널 샌드위치나 바게트 등에 피자 치즈와 함께 활용하면 맛과 영양을 챙길 수 있습니다.

할라피뇨

멕시코 고추로 매운맛이 강하며 아삭한 식감이 좋아 샌드위치의 매운맛을 보충해줄 때 사용하면 좋습니다.

무

수분이 많고 아삭한 식감이 좋아 새콤달콤한 양념으로 피클을 만들어 샌드위치에 활용하면 좋습니다. 육류를 넣는 샌드위치 속재료로 잘 어울립니다.

치커리

루콜라와 비슷하게 특유의 쌉싸름한 향이 있는 채소입니다. 식감이 아삭하고, 소화를 촉진하는 식이섬유가 풍부하여 고기 요리와 함께 섭취하면 좋습니다.

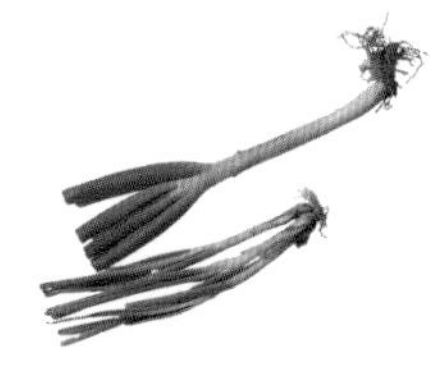

쪽파/대파

향신 채소인 쪽파나 대파는 잘게 다져서 스프레드나 소스에 넣어 사용하면 알싸한 맛이 보충되어 입안을 깔끔하게 해줍니다.

가지

항산화 작용이 뛰어난 채소로 구우면 단맛이 증가하고 치즈와도 잘 어울려 오픈 샌드위치나 그릴 샌드위치에 활용하면 좋습니다.

느타리버섯

느타리버섯을 굽거나 볶으면 쫄깃한 식감과 풍미가 좋아집니다. 칼로리도 낮아 담백한 샌드위치 재료로 좋습니다.

이태리 파슬리

이태리 파슬리는 일반 파슬리보다 풀 향이 적고 구수한 맛이 좋아 요리의 가니시로도 많이 쓰입니다. 육류를 사용하는 샌드위치 재료로 좋습니다.

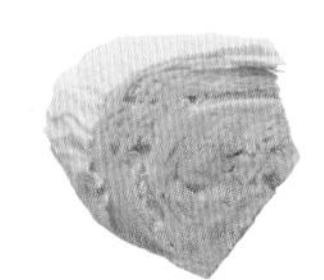

양배추

아삭하면서도 고소해 샌드위치와 잘 어울립니다. 다만 그대로 사용하기보다 채를 썰어서 활용하거나 사우어크라우트(양배추절임)로 활용하면 좋습니다.

사우어크라우트 : 양배추를 잘게 썰어서 양배추 무게 2%의 소금(예: 양배추 600g, 소금 12g)을 넣어 바락바락 주물러주세요. 이때 나온 채즙은 병에 담아 실온에서 2~3일 숙성 후 냉장고에 보관해 활용해도 좋습니다.

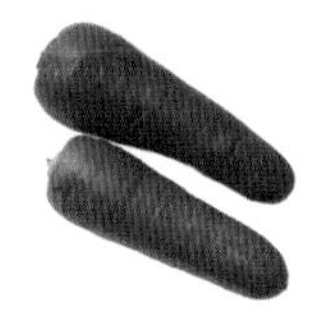

당근

달콤하고 색이 예뻐서 샌드위치 재료로 인기 있습니다. 당근라페를 만들어서 곁들이면 맛도 좋고 건강에도 좋습니다.

고구마

달콤해서 샌드위치 스프레드에 잘 어울립니다. 치즈와 어울림이 좋아 무스 스타일로 곁들이면 좋습니다.

오이

슬라이스하여 넣어주면 샌드위치에 아삭한 식감과 상큼한 맛을 더할 수 있습니다.

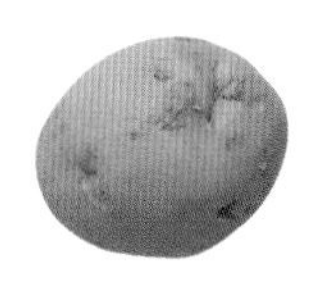

감자

부드럽고 고소해 샌드위치 재료로 사랑받습니다. 삶은 후 으깨어 다른 재료와 함께 마요네즈로 버무려보세요. 샐러드 자체로 먹어도 좋지만 샌드위치 속재료로도 좋습니다.

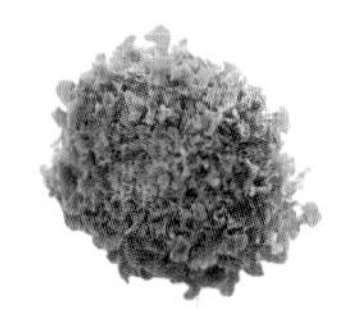

샐러드레터스

풍부한 수분과 아삭한 식감 때문에 쌈채소로 많이 즐기는데 샐러드에도 잘 어울립니다.

단호박

달콤해서 삶은 후 으깨어 무스로 활용하기 좋은 재료이며 스프레드로 활용하기에도 좋습니다.

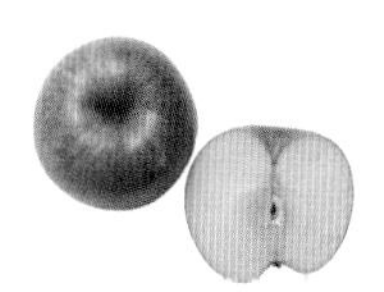

사과

달콤하고 아삭해서 생으로 슬라이스해서 넣어도 좋습니다. 설탕에 졸여준 뒤 시나몬파우더를 뿌려 활용해도 좋습니다.

아보카도

후숙 과일로 숲속의 버터라 불립니다. 크리미하고 고소해서 샌드위치 재료로 좋습니다. 슬라이스하여 넣어도 좋고, 과카몰리로 만들어서 스프레드로 활용해도 좋습니다.

딸기

새콤달콤한 맛과 향도 일품이지만 색이 예뻐서 디저트 재료로 사랑받는 과일입니다. 생크림과 조합해 과일 샌드위치로 만들기에 좋습니다. 과일 샌드위치에는 바나나, 그린키위 등을 활용해도 좋습니다.

건크랜베리

새콤달콤한 크랜베리를 건조한 것으로 담백한 닭고기를 이용한 샌드위치에 활용하면 특히 좋습니다. 잘게 다져 곁들여보세요.

PART 1

#베이커리

식빵: 파리바게트, 뚜레쥬르
생식빵: 파리바게트
홀그레인오트식빵: 파리바게트
잡곡식빵: 파리바게트
올리브치즈치아바타: 빵과당신(제과점)
플레인치아바타: 빵과당신(제과점)
쌀바게트: 마켓컬리 블랑제리코팡 쌀바게트
베이글: 이마트트레이더스
깜빠뉴: 마켓컬리 그녀의빵공장 호밀 깜빠뉴
모닝빵: 파리바게트, 뚜레쥬르
크루아상: 파리바게트
또띠아: 풀무원 우유또띠아
바게트: 블랑제리코팡 바게트
미니바게트: 마켓컬리 bread&co. 미니바게트

#육가공품/해산물가공품/피클류

샌드위치햄: CJ 샌드위치햄, 목우촌 샌드위치햄
잠봉: 마켓컬리 소금집 잠봉
베이컨: 존쿡 델리미트 전G베이컨
새우튀김: 노바시새우 수제튀김
훈제연어: 마켓컬리 오로라 훈제연어
오이피클: 수제
케이퍼: 리오산토 케이퍼
할라피뇨: 리탈리 슬라이스 할라피뇨 페퍼
캔참치: 동원

#치즈

체더치즈: 서울우유
크림치즈: 필라델피아크림치즈
리코타치즈: 수제
브리치즈: 프레지덩 쁘띠 브리

#소스/오일/향신료

마요네즈: 오뚜기
케첩: 오뚜기 토마토 케찹
홀그레인머스터드: 르네 디종 홀그레인 머스터드
발사믹식초: 폰타나 모데나 발사믹 식초
스리라차소스: 타이 스리라차소스
레몬즙: 피오디 레몬즙
올리브오일: 폰타나 올리브오일
허니머스터드: 오뚜기
발사믹글레이즈: 폰타나 발사믹 글레이즈
피시소스: 진수 남늑 연어향 피쉬소스
소금: 구운 소금 또는 가는 소금
꿀: 아카시아꿀
올리고당: 청정원 건강한 올리고당
후추: ISFI 블랙페퍼 홀
딸기잼: 수제

#유제품

연유: 서울우유
그릭요거트: 그릭데이 시그니처
플레인요거트: 풀무원다논 시그니처 플레인
생크림: 서울우유
버터: 이즈니 버터컵(무염)

PART 2

#베이커리

식빵: 도제 촉촉한 생식빵 1.5cm
잡곡식빵: 마켓컬리 R15통밀식빵
브라운치아바타: 폴앤폴리나
화이트치아바타: 폴앤폴리나
올리브치아바타: 밀크앤허니
소프트바게트: 배민스토어
쌀바게트: 쿠팡, 바비브레드
베이글: 널담베이글 플레인, 픽어베이글, 흡흡베이글
깜빠뉴: 얌(YAAM) 깜빠뉴
모닝빵: 신라명과
미니크루아상: 맘쿠킹 크루아상 생지(40g)
핫도그번: 존쿡델리미드
또띠아: 풀무원 우유또띠아, 남향푸드 우리밀또띠아
소금빵: 신라명과
미니꿀호떡: 삼립
딸기잼: 수제 또는 복음자리
슈가파우더: 쿠팡
치아바타 데미 바게트: 불라트(마켓컬리)
치아바타: 우드앤브릭
햄버거번: 아워홈
햄버거 먹물번: 구스
사우얼브레드: 바로크

#육가공품/해산물가공품/피클류

샌드위치햄: CJ 더 건강한 햄
홀머슬햄: 존쿡델리미트
잠봉: 존쿡델리미트, 소금집
베이컨: CJ 더 건강한 햄
목살베이컨: 존쿡델리미트
카나디언베이컨: 존쿡델리미트
핫도그소시지: 한성기업 도이치 부어스트 후랑크 소시지
새우튀김: 사세 바삭튀긴 통새우 튀김
치킨텐더스틱: 마니커에프앤지 가슴속살 텐더스틱
훈제연어: 오아시스마켓 훈제연어슬라이스(140g)
오이피클: 수제 또는 넬리 스위트 오이피클 홀
선드라이토마토: 수제 또는 폰티 세미 드라이토마토
케이퍼: 멜리스
할라피뇨: 멜리스
파스트라미: 소금집
살라미: 더사퀴테리아

#치즈

체더치즈: 서울우유
고다치즈: hazeleger, 알라
에멘탈치즈: 페이장브레통
모차렐라치즈: 쁘뜨구르망 4프로마쥬 슈레드 치즈
리코타치즈: 수제 또는 상하치즈
생모차렐라치즈: 벨지오이오소
파마산치즈: 리얼 그레이티드
그라나파다노치즈: 안티노카세이피초
하바티치즈: 알라
마일드체더치즈: 캐시벨리
몬테레이잭치즈: 캐시벨리
콜비잭치즈: 캐시벨리
페퍼잭치즈: 캐시벨리
크림치즈: 필라델피아 크림치즈 플레인

#소스/오일/향신료

마요네즈: 청정원 고소한 마요네즈

케첩: 오뚜기 토마토 케찹
홀그레인머스터드: 마이어 홀그레인 머스터드
옐로머스터드: 하인즈 옐로 머스터드
발사믹식초: 폰타나 모데나 발사믹 식초 골드라벨
발사믹글레이즈: 폰타나 모데나 발사믹 글레이즈
올리브오일: 올리타리아 엑스트라버진 올리브오일
스위트칠리소스: 몬 스위트 칠리소스
스리라차소스: 후이펑 스리라차소스
피시소스: 친수 남늑 베트남 피쉬소스
치폴레고추: 파로 치포틀레 페퍼
레몬즙: 레이지 레몬즙, (착즙)생레몬즙
허브솔트: 백설 허브맛 솔트 순한맛

#유제품

연유: 서울우유
그릭요거트: 그릭데이 그릭요거트 시그니처, YOZM
플레인요거트: 소와나무 생크림 요거트
생크림: 서울우유
버터: 이즈니 AOP 무염버터

PART 3

#베이커리

식빵: 도제 촉촉한 생식빵 1.5cm
잡곡식빵: 마켓컬리 R15통밀식빵
브라운치아바타: 폴앤폴리나
화이트치아바타: 폴앤폴리나
올리브치아바타: 밀크앤허니
소프트바게트: 배민B마트
쌀바게트: 쿠팡 유산균 쌀바게트
베이글: 널담베이글 플레인
깜빠뉴: 얌(YAAM) 깜빠뉴
모닝빵: 신라명과
미니크루아상: 맘쿠킹 크루아상 생지(40g)
핫도그번: 존쿡델리미트
또띠아: 풀무원 우유또띠아
소금빵: 신라명과, 피터팬제과
미니꿀호떡: 삼립
딸기잼: 수제 또는 복음자리
슈가파우더: 브레드가든 슈가파우더

#육가공품/해산물가공품/피클류

샌드위치햄: CJ 더 건강한 햄
홀머슬햄: 존쿡델리미트
잠봉: 존쿡델리미트 팜프레시 잠봉
베이컨: CJ 더 건강한 햄
목살베이컨: 존쿡델리미트
카나디언베이컨: 존쿡델리미트
핫도그소시지: 한성기업 도이치 부어스트 후랑크 소시지
새우튀김: 사세 바삭튀긴 통새우 튀김
치킨텐더스틱: 마니커에프앤지 가슴속살 텐더스틱

훈제연어: 오아시스마켓 훈제연어슬라이스(140g)
오이피클: 수제 또는 넬리 스위트 오이피클 홀
선드라이토마토: 수제 또는 폰티 세미드라이드 방울토마토
케이퍼: 멜리스
할라피뇨: 멜리스

#치즈

체더치즈: 서울우유
고다치즈: 하젤레거
에멘탈치즈: 페이장브레통
모차렐라치즈: 쁘띠구르망 4프로마쥬 슈레드 치즈
리코타치즈: 수제 또는 매일유업 상하치즈
생모차렐라치즈: 벨지오이오소
파마산치즈: 쁘띠구르망 이탈리안 그레이트 치즈
그라나파다노치즈: 안티노카세이피초
크림치즈: 필라델피아 크림치즈 플레인

#소스/오일/향신료

마요네즈: 청정원 고소한 마요네즈
케첩: 오뚜기 토마토 케찹
홀그레인머스터드: 마이어 홀그레인 머스터드
옐로머스터드: 하인즈 옐로 머스터드
발사믹식초: 폰타나 모데나 발사믹 식초 골드라벨
발사믹글레이즈: 폰타나 모데나 발사믹 글레이즈
올리브오일: 올리타리아 엑스트라버진 올리브오일
스위트칠리소스: 몬 스위트 칠리소스
스리라차소스: 후이펑 스리라차소스
불닭소스: 삼양
피시소스: 친수 남늑 베트남 피쉬소스
치폴레고추: 파로 치포틀레 페퍼
레몬즙: 레이지 레몬즙
허브솔트: 백설 허브맛 솔트 순한맛

#유제품

연유: 서울우유
그릭요거트: 그릭데이 그릭요거트 시그니처
플레인요거트: 소와나무 생크림 요거트
생크림: 서울우유
버터: 이즈니 AOP 무염버터

PART 1

엄마 손맛이 더해지니

누구나 좋아해

은솔희섭mom 샌드위치

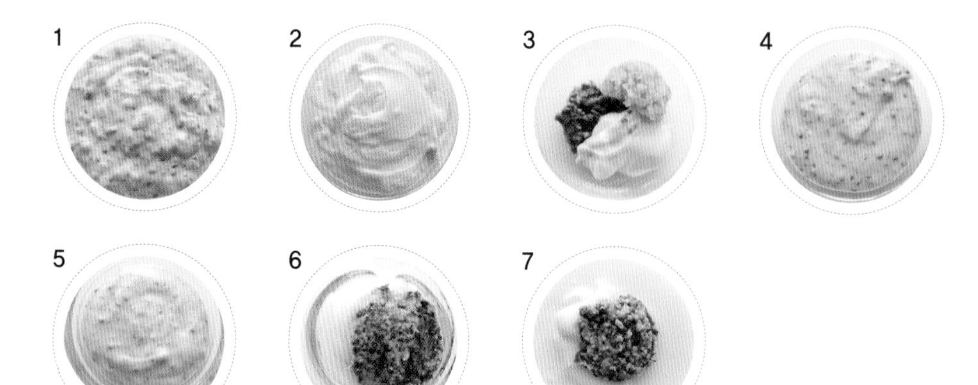

1. 오이피클마요 스프레드

피클 20g, 마요네즈 3큰술, 홀그레인머스터드 1큰술
응용 메뉴 잠봉뵈르 샌드위치

2. 크림치즈허니마요 스프레드

크림치즈 3큰술, 마요네즈 1큰술, 꿀 0.5큰술
응용 메뉴 오이 크림치즈 샌드위치

3. 마요홀그레인 스프레드

마요네즈 1작은술, 홀그레인머스터드 1작은술, 다진 피클 1작은술
응용 메뉴 아보카도 달걀 샌드위치

4. 허니마요홀그레인 스프레드 I

마요네즈 1큰술, 홀그레인머스터드 1작은술, 허니머스터드 1작은술
응용 메뉴 할라피뇨 매콤 참치 샌드위치, BELT 샌드위치,
크래미 아보카도 그릭요거트 샌드위치

5. 허니마요홀그레인 스프레드 II

마요네즈 2큰술, 홀그레인머스터드 1작은술, 허니머스터드 1작은술
응용 메뉴 햄 치즈 에그 루콜라 샌드위치

6. 홀그레인꿀마요 스프레드

마요네즈 1큰술, 홀그레인머스터드 1큰술, 꿀 0.5작은술
응용 메뉴 소불고기 치아바타 샌드위치

7. 마요연유 스프레드

마요네즈 1큰술, 연유 1큰술, 홀그레인머스터드 1작은술
응용 메뉴 닭가슴살 크랜베리 요거트 샌드위치

* 이 파트의 스프레드 분량은 해당 샌드위치 각각의 정량입니다. 기호껏 사용해주세요.
* 1T(큰술) = 15ml / 1t(작은술) = 5ml
* 빵은 굽지 않고 부드럽게 혹은 팬이나 토스터에 구워 바삭하게 원하는 식감으로 선택합니다.
빵을 구워 만드는 경우 구운 빵을 충분히 식혀준 뒤 스프레드와 재료를 올려주어야 맛과 모양의 변형이 없습니다.

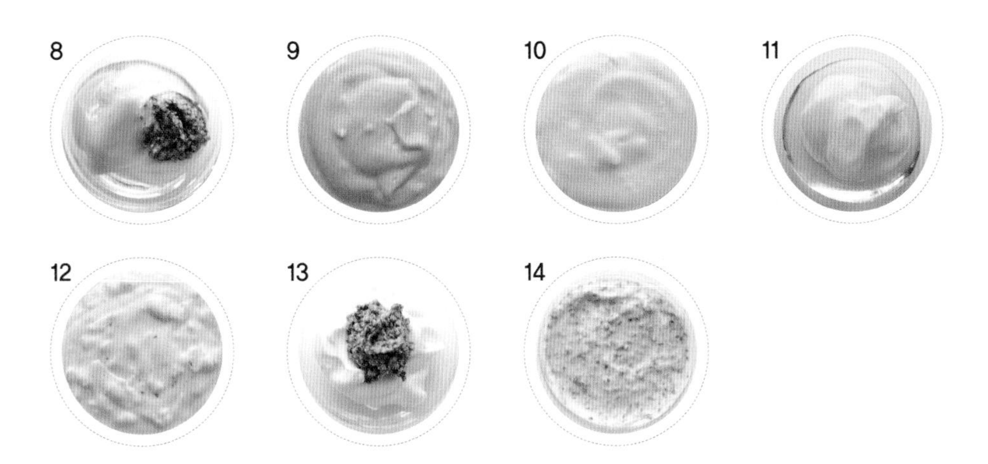

8. 마요꿀머스터드 스프레드

마요네즈 2큰술, 홀그레인머스터드 1작은술, 꿀 1작은술
허니머스터드 1작은술
응용 메뉴 클럽 샌드위치

9. 스리라차마요 스프레드

마요네즈 4큰술, 스리라차소스 2큰술, 황설탕 1작은술
응용 메뉴 돼지고기 반미 샌드위치

10. 연유버터 스프레드

연유 2큰술, 무염버터 2큰술
응용 메뉴 대만식 햄 치즈 샌드위치

11. 올리마요 스프레드

마요네즈 1큰술, 올리고당 1작은술
응용 메뉴 대만식 햄 치즈 샌드위치

12. 크림치즈랜치 스프레드

크림치즈 4큰술, 마요네즈 2/3큰술, 플레인요거트 2/3큰술
다진 양파 20g, 레몬즙 10g, 꿀 10g, 소금 1꼬집, 후추 약간
응용 메뉴 훈제연어 랜치소스 샌드위치

13. 홀그레인마요 스프레드 I

마요네즈 1.5큰술, 홀그레인머스터드 1작은술
응용 메뉴 떡갈비 로메인 샌드위치

14. 홀그레인마요 스프레드 II

마요네즈 1큰술, 홀그레인머스터드 2/3큰술
응용 메뉴 새우튀김 에그마요 또띠아 샌드위치

Grilled Cheese with Apples Sandwich

사과조림 치즈 샌드위치

아삭하고 달콤한 사과, 시나몬파우더, 크림치즈의 조합이
잘 어울리는 샌드위치입니다.

INGREDIENTS

플레인 치아바타 1/2개
브리치즈 65g
무염버터 10g
루콜라 8g
아몬드 슬라이스, 건크랜베리 적당량
크림치즈 1큰술

사과조림

사과 200g
설탕 2작은술
레몬즙 1작은술
시나몬파우더 약간

HOW TO MAKE

1 씨앗 부분을 제거한 사과는 얇게 슬라이스해줍니다. 팬에 버터를 녹여준 뒤 사과, 설탕, 레몬즙을 넣어 졸여줍니다. 사과가 살캉거릴 정도로 졸여준 뒤 시나몬파우더를 뿌려주고 한 김 식혀주세요.
2 플레인 치아바타를 준비합니다.
3 크림치즈를 골고루 발라줍니다.
4 루콜라, 먹기 좋게 썬 브리치즈, 사과조림 순으로 얹어줍니다.
5 건크랜베리와 아몬드 슬라이스로 장식을 해줍니다.

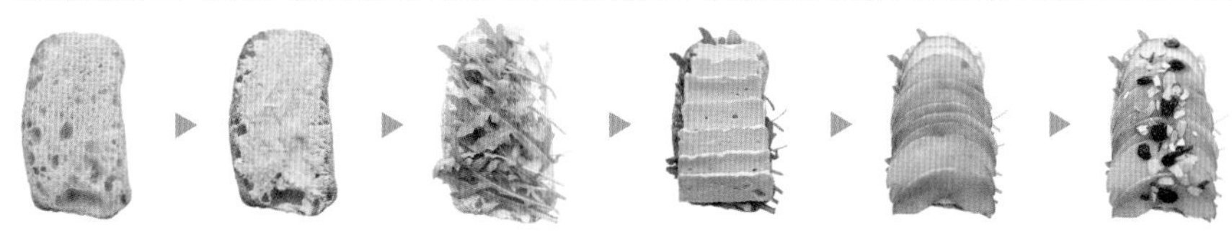

에그마요 샐러드 샌드위치

달걀의 부드러움과 고소함이 가득한 에그마요 샐러드를
빵 속에 푸짐하게 넣어보세요.

INGREDIENTS

바게트 1개
오이 1/2개(110g)
다진 양파 20g
식초 0.5큰술
설탕 1작은술
소금 1g
무염버터 약간

에그마요
삶은 달걀 5개
마요네즈 5큰술
허니머스터드 1작은술
홀그레인머스터드 1작은술
꿀 1작은술
후추 약간
소금 1꼬집

HOW TO MAKE

1 달걀은 완숙으로 삶아서 껍질을 제거하고 준비합니다.
2 오이는 얇게 슬라이스하여 소금, 식초, 설탕을 넣어 10분 이상 재워준 뒤 물기를 꼭 짜서 준비합니다.
3 달걀흰자와 노른자를 곱게 으깨어주고 재운 오이와 다진 양파를 넣어줍니다.
4 마요네즈, 허니머스터드, 홀그레인머스터드, 꿀, 후추, 소금을 넣어 에그마요를 만듭니다.
5 바게트를 어슷하게 썰어 한쪽 면에 무염버터를 살짝 발라줍니다.
6 그 위에 에그마요를 푸짐하게 올려줍니다.
7 자른 바게트 한쪽 면에 무염버터를 발라주고 샌드하여 완성합니다.

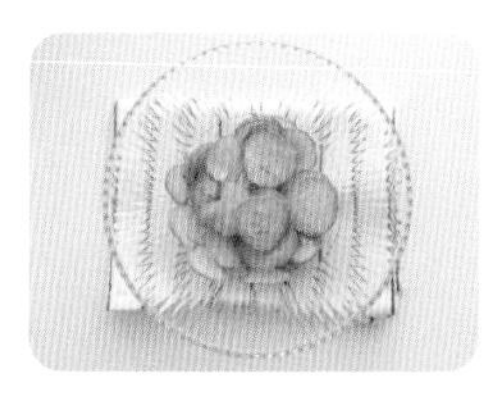

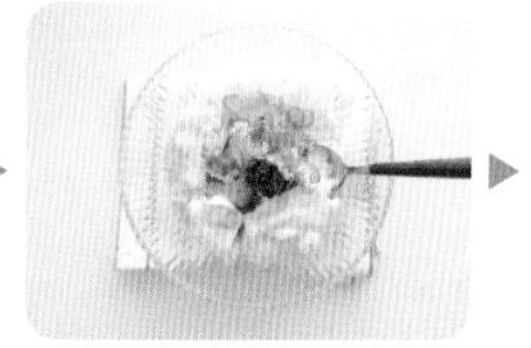

TOPPING

Japanese Style Potato Salad Sandwich

감자 샐러드 샌드위치

고소한 감자를 으깨어서 크리미함 가득!
남녀노소 누구나 좋아할 추억의 맛을 만나보세요.

INGREDIENTS

모닝빵 3개
손질한 감자 240~250g
양파 30g
오이 50g
샌드위치햄 1장
크래미 35g
소금 2~3꼬집
허니머스터드 1큰술

양파, 오이 절이기(각각)

식초 1작은술
설탕 0.5작은술
소금 1꼬집

감자 샐러드 소스

마요네즈 6큰술
황설탕 1큰술
소금 1~2꼬집
후추 약간

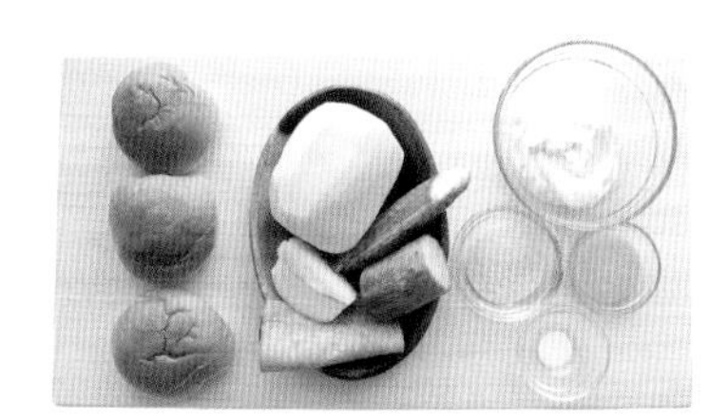

HOW TO MAKE

1 손질한 감자는 적당한 크기로 잘라 냄비에 넣고 잠길 정도로 물을 넣은 뒤 소금 2~3꼬집을 넣고 삶아줍니다. 삶은 감자는 뜨거울 때 매셔를 이용해 으깨주세요.
2 양파는 짤막하게 채 썰고 식초, 설탕, 소금을 넣고 10분 정도 절여준 후 물기를 꼭 짜주세요.
3 오이는 반달 모양으로 얇게 슬라이스하여 식초, 설탕, 소금을 넣고 10분 정도 절여준 후 물기를 꼭 짜주세요.
4 으깨놓은 감자에 2번과 3번의 양파와 오이, 가늘게 썬 햄, 잘게 찢은 크래미를 모두 넣어줍니다.
5 마요네즈, 황설탕, 소금, 후추를 취향껏 넣고 골고루 버무려주세요
6 모닝빵을 반으로 잘라 안쪽 면에 허니머스터드소스를 골고루 발라준 뒤 감자 샐러드를 넉넉히 넣어 완성합니다.

TOPPING

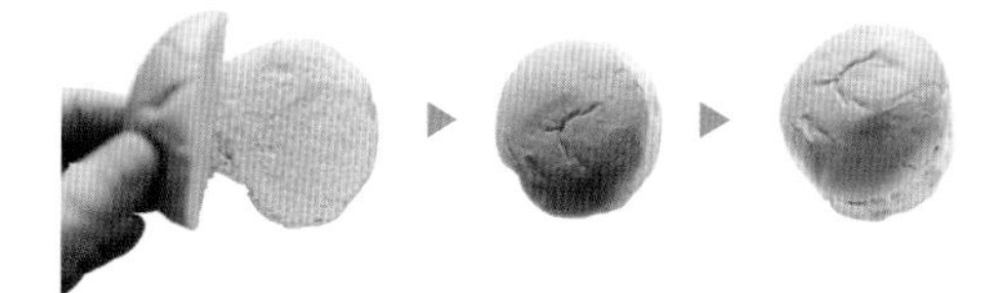

Bacon Guacamole Sandwich

과카몰리 베이컨 샌드위치

숙성한 아보카도와 구운 베이컨이 만나
고소함이 배가되었어요.

INGREDIENTS

호밀 깜빠뉴 4쪽
양파 25g
베이컨 2줄
로메인 2장
홀그레인머스터드 1큰술

과카몰리
아보카도 1개(230g)
방울토마토 5개
올리브오일 1.5큰술
레몬즙 1큰술
꿀 1작은술
후추 약간
소금 1~2꼬집

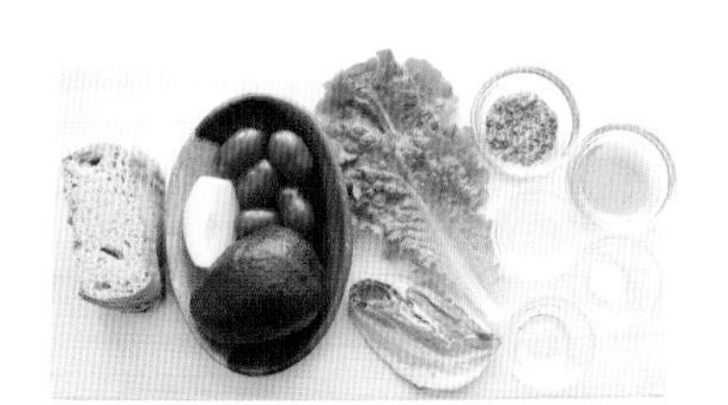

HOW TO MAKE

1 후숙한 아보카도는 손질을 한 뒤 으깨어줍니다.
2 방울토마토와 양파는 잘게 다져 준비합니다.
3 베이컨은 기름없이 노릇하게 구운 뒤 키친타월에 올려둡니다.
4 볼에 1과 2를 담고 올리브오일, 레몬즙, 꿀, 후추, 소금을 넣어 잘 버무려주어 과카몰리를 만들어주세요.
5 깜빠뉴 한쪽 면에 홀그레인머스터드를 발라줍니다.
6 그 위에 로메인을 먹기 좋게 올려줍니다.
7 노릇하게 구운 베이컨을 올려줍니다.
8 만들어둔 과카몰리를 적당히 올려줍니다.
9 홀그레인머스터드를 발라준 깜빠뉴로 덮어 완성합니다.

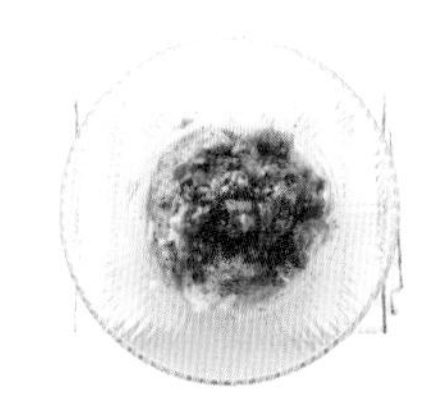

TOPPING

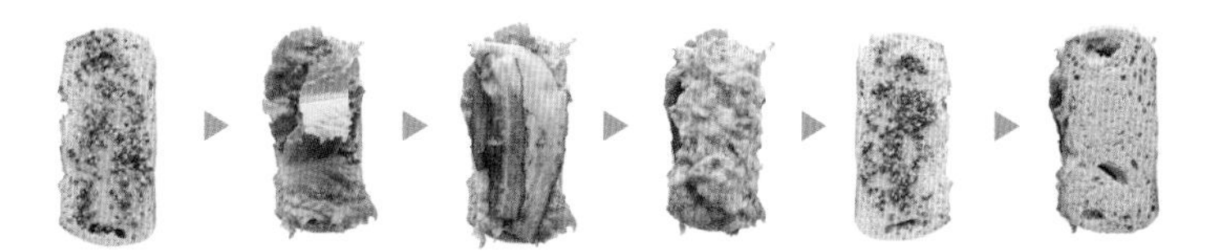

당근라페 크림치즈 베이컨 샌드위치

상큼한 당근 샐러드와 진한 크림치즈가 어우러져
한입 베어 물면 여운이 남는 맛을 선사할 거예요.

INGREDIENTS

로만밀식빵 2장
베이컨 3줄
달걀 1개
버터헤드 6장
크림치즈 2큰술

당근라페
당근 85g
올리브오일 1큰술
홀그레인머스터드 0.5큰술
레몬즙 1작은술
황설탕 0.5작은술
후추 약간
소금 1꼬집

HOW TO MAKE

1 당근은 일정한 길이와 두께로 채 썰어줍니다.
2 올리브오일, 홀그레인머스터드, 레몬즙, 황설탕을 섞어준 다음 당근을 버무려줍니다. 후추와 소금을 넣고 다시 한 번 골고루 버무려 당근라페를 만들어주세요.
3 달걀프라이를 반숙 또는 완숙으로 익혀주세요.
4 베이컨은 기름 없이 노릇하게 구워줍니다.
5 식빵 한쪽 면에 크림치즈 1큰술을 발라주고 버터헤드 3장을 올려주세요.
6 베이컨 1.5줄, 달걀, 당근라페, 베이컨 1.5줄을 차례대로 올리고 남은 버터헤드를 올려줍니다.
7 식빵 한쪽 면에 크림치즈 1큰술을 바른 뒤 덮어 완성합니다.

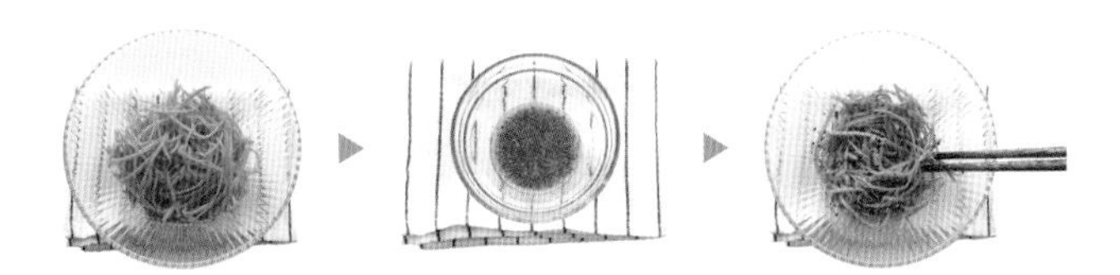

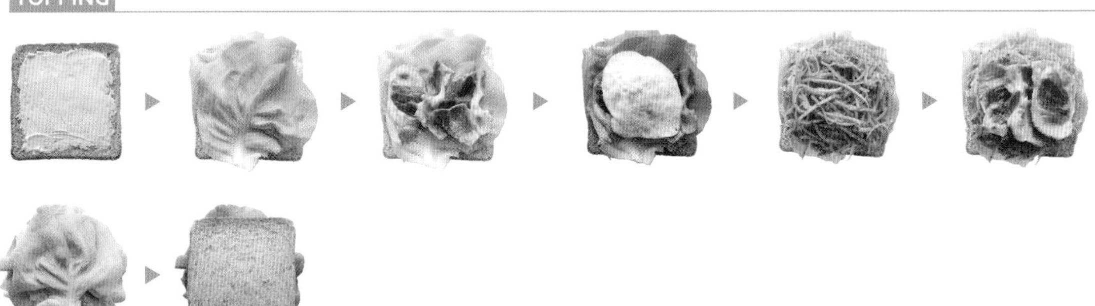

잠봉뵈르 샌드위치

Jambon Beurre

고소한 버터와 잠봉의 맛남! 한번 맛보면
자꾸만 생각나는 샌드위치예요.

INGREDIENTS

미니바게트 2개(150g)
잠봉 80g
무염버터 60g

오이피클마요 스프레드(30쪽 참조)

HOW TO MAKE

1 오이피클마요 스프레드를 만들어줍니다.
2 미니바게트 반을 잘라주고, 양면에 오이피클마요 스프레드를 넉넉히 발라줍니다.
3 한쪽 면에 잠봉 40g을 겹쳐서 올려주고, 버터 30g을 올려주세요.
이때 버터의 양은 취향에 따라서 가감해도 됩니다.
4 바게트를 덮어 완성합니다.

TOPPING

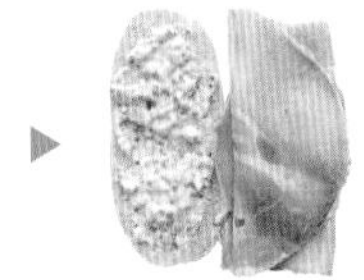
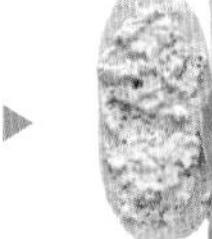
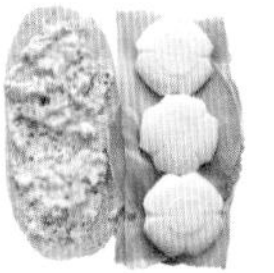

오이 크림치즈 샌드위치

Cucumber Cream Cheese Sandwich

영국 티푸드 중에서도 사랑받는 오이와 크림치즈의 조합을
샌드위치로 즐겨보세요.

INGREDIENTS

잡곡식빵 2장, 오이 1개, 소금 1꼬집
다진 건크랜베리 약간, 다진 페페론치노 약간
후추 약간, 올리브오일 약간

크림치즈허니마요 스프레드(30쪽 참조)

HOW TO MAKE

1 오이는 필러로 슬라이스하고 소금을 뿌려 10분 정도 절여준 후 물기를 살짝 짜줍니다.
2 크림치즈허니마요 스프레드를 만듭니다.
3 식빵 한쪽 면에 스프레드를 넉넉히 발라줍니다.
4 3 위에 절여준 오이를 겹쳐서 넉넉히 올려줍니다. 혹은 스프레드를 발라준 식빵을 먹기 좋게 썬 뒤 절여준 오이를 돌돌 말아 올려줍니다.
5 오이 윗면에 올리브오일을 살짝 뿌려주고 다진 페페론치노와 다진 건크랜베리 중에서 선택해 장식합니다.
6 후추를 약간 뿌려 마무리합니다.

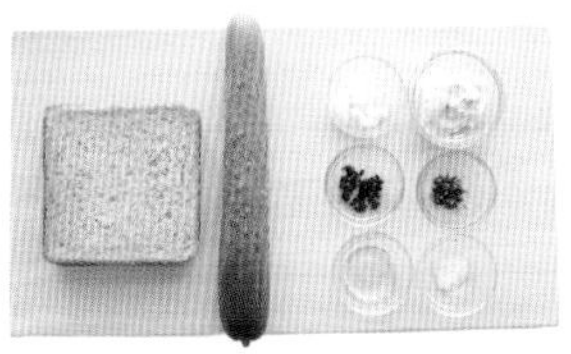

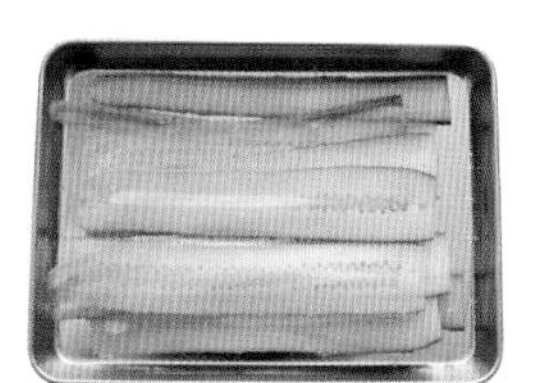

TOPPING

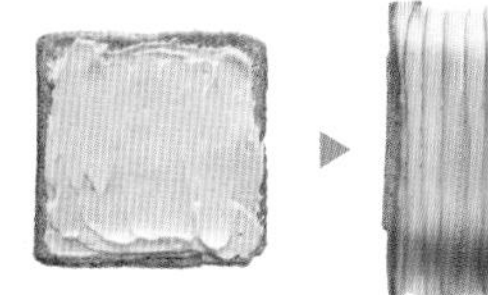

돈가스 양배추 샌드위치

두툼한 돈가스와 아삭한 양배추가 어우러져
한 끼 식사로도 손색없어요.

INGREDIENTS

생식빵 2장
돈가스 1장(140g)
양배추 100g
돈가스소스 1.5큰술
마요네즈 적당량

양배추 소스
마요네즈 1.5큰술
홀그레인 머스터드 1작은술
설탕 0.5작은술

HOW TO MAKE

1 돈가스는 에어프라이어에 돌리거나 튀겨서 준비합니다.
2 가늘게 채 썬 양배추에 마요네즈, 홀그레인머스터드, 설탕을 넣어 버무려주세요.
3 식빵 한쪽 면에 마요네즈를 발라줍니다.
4 바삭하게 구운 돈가스를 올려줍니다.
5 돈가스 위에 돈가스소스를 펴 바릅니다.
6 버무려놓은 양배추를 모두 올려줍니다.
7 마요네즈를 발라준 식빵을 덮어 완성합니다.

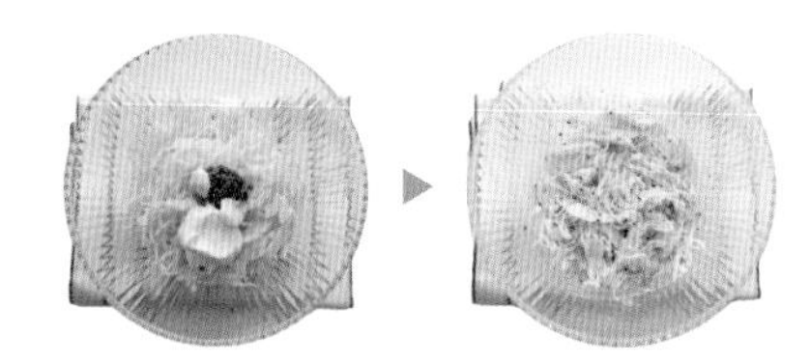

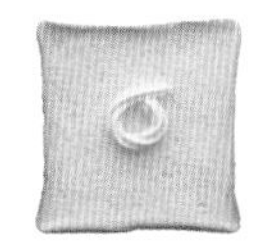
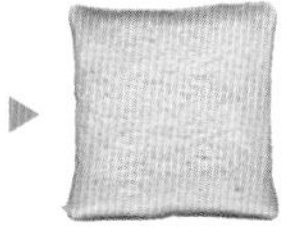
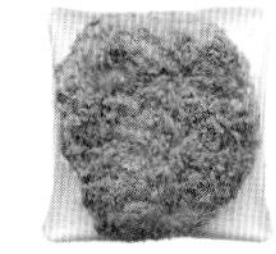
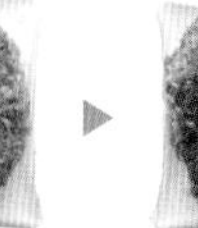

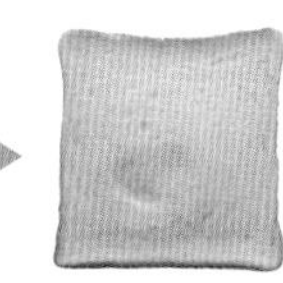

Italian Egg Sandwich

햄 치즈 에그 루콜라 샌드위치

알록달록 색깔만 보아도 먹음직스러워요!
브런치 메뉴로도 좋아요.

INGREDIENTS

식빵 2장
샌드위치햄 3장
토마토 1개(75g)
루콜라 25g
달걀 1개
체더슬라이스치즈 1장
소금 1꼬집
식용유 약간

허니마요홀그레인 스프레드 II (30쪽 참조)

HOW TO MAKE

1 토마토는 슬라이스하고, 루콜라는 세척한 뒤 물기를 제거해주세요.
2 달걀프라이를 반숙 또는 완숙으로 익혀주세요. 이때 소금 1꼬집을 뿌려줍니다.
3 허니마요홀그레인 스프레드 II의 절반을 식빵 한쪽 면에 펴 바릅니다.
4 준비한 루콜라의 반을 올려주세요.
5 그 위에 토마토, 달걀, 체더치즈, 샌드위치햄 순으로 올려줍니다.
7 남겨둔 루콜라를 올려줍니다.
8 식빵 한쪽 면에 남은 허니마요홀그레인 스프레드 II를 발라준 뒤 덮어 완성합니다.

Shrimp Po'boy Tacos with Egg Salad

새우튀김 에그마요 또띠아 샌드위치

바삭한 새우튀김과 에그마요를 넣고 돌돌 말아서
한입에 쏙 넣어 즐겨보세요.

INGREDIENTS

또띠아(20cm) 1장
새우튀김 95~100g
양상추 40g
로메인 20g
빨강파프리카 20g
오이 30g

에그마요
삶은 달걀 2개
마요네즈 3큰술
허니머스터드 1작은술
꿀 1작은술
후추 약간
소금 0.5꼬집

홀그레인마요 스프레드 II (31쪽 참조)

1. 삶은 달걀은 으깨어주고 마요네즈, 허니머스터드, 꿀, 후추, 소금을 넣어 에그마요를 만들어주세요.
2. 또띠아 위에 마요네즈와 홀그레인머스터드를 섞은 소스를 골고루 펴 바릅니다.
3. 로메인과 양상추를 올려주세요.
4. 에그마요의 절반을 올려주고, 새우튀김을 올려주세요.
5. 채 썬 오이와 파프리카를 올려줍니다.
6. 끝에서부터 돌돌 말아준 뒤 먹기 좋게 썰어 완성합니다.

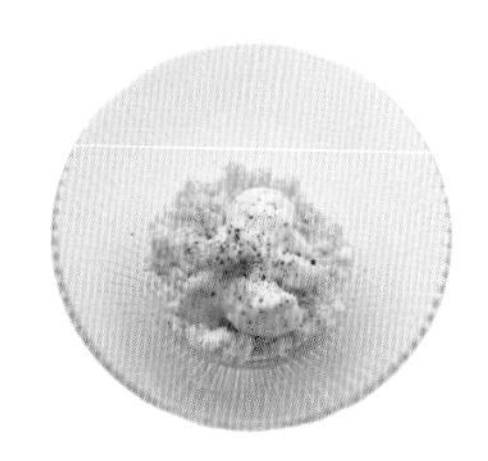

TIP

남은 에그마요는 샐러드로 먹어도 좋고 식빵이나 모닝빵에 곁들여도 좋습니다.

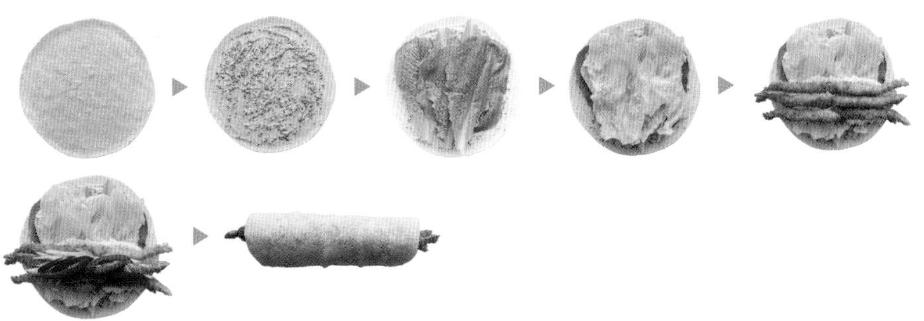

닭가슴살 크랜베리 요거트 샌드위치

고소한 닭가슴살, 상큼한 건크랜베리,
새콤한 요거트가 어우러진 샌드위치예요.

INGREDIENTS

홀그레인오트식빵 2장
삶은 닭가슴살 100g
로메인 9~10장
토마토 90g
체더슬라이스치즈 1장
다진 오이피클 25g
건크랜베리 20g

닭가슴살 소스
플레인 그릭요거트 2큰술
마요네즈 2큰술
소금 2꼬집
설탕 2꼬집
후추 적당량

마요연유 스프레드(30쪽 참조)

HOW TO MAKE

1. 삶은 닭가슴살, 오이피클, 건크랜베리를 잘게 다져줍니다.
2. 다진 닭가슴살, 오이피클, 건크랜베리에 마요네즈, 그릭요거트, 소금, 설탕, 후추를 넣고 버무려줍니다.
3. 식빵 한쪽 면에 마요연유 스프레드의 절반을 발라줍니다.
4. 그 위에 준비한 로메인의 절반을 올려줍니다.
5. 버무린 닭가슴살을 올리고 체더치즈, 토마토를 순서대로 올려줍니다.
6. 남은 로메인을 올려주세요.
7. 식빵 한쪽 면에 남은 마요연유 스프레드를 발라준 뒤 덮어 완성합니다.

딸기 생크림 샌드위치

제철에 만나는 생딸기에 프레시한 생크림을
가득 넣어 만드는 게 포인트예요.

INGREDIENTS

생식빵 2장
딸기 4개(취향껏)
생크림 200g
설탕 30g

HOW TO MAKE

1 딸기는 깨끗이 씻은 뒤에 꼭지를 떼어내고 키친타월로 물기를 제거해주세요.
2 생크림에 설탕을 10g씩 세 번에 나눠 넣어 핸드믹서로 섞어 생크림을 만들어주세요.
3 식빵 한쪽 면에 만든 생크림을 듬뿍 바르고 그 위에 딸기를 올려주세요.
4 딸기 사이사이에 생크림을 넉넉히 올려주어 모양을 만들어줍니다.
5 식빵을 덮어 완성합니다.
6 랩핑하여 냉장실에 30분~1시간 두었다가 꺼냅니다.
7 먹기 좋게 2등분해줍니다. 생크림이 적당히 굳고 차가워져 더 맛있습니다.

TOPPING

 ▶ 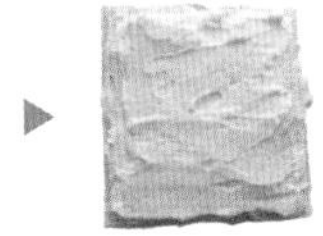 ▶ 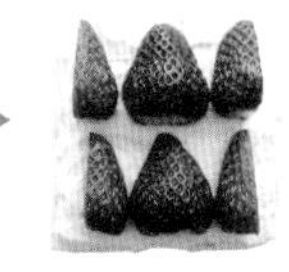 ▶  ▶  ▶ 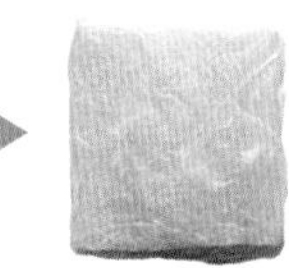

아보카도 달걀 샌드위치

Avocado Egg Sandwich

아보카도의 고소함+달걀의 고소함!
맛볼수록 매력적인 조합이에요.

INGREDIENTS

호밀빵 1/2쪽
후숙한 아보카도 1개
삶은 달걀 2개
올리브오일 약간
크러시드페퍼(또는 다진 페페론치노) 약간
후추 약간

마요홀그레인 스프레드(30쪽 참조)

HOW TO MAKE

1 세로로 길게 반으로 썬 호밀빵에 마요홀그레인 스프레드를 골고루 펴 바릅니다.
2 후숙한 아보카도 적당량을 슬라이스하여 올려줍니다.
3 삶은 달걀을 적당량 슬라이스하여 올려줍니다.
4 크러시드페퍼(또는 다진 페페론치노)와 후추를 뿌려줍니다.
5 올리브오일을 취향껏 뿌려 완성합니다.

TOPPING

돼지고기 반미 샌드위치

불맛 나는 돼지고기와 반미 소스의 맛남!
집에서도 특별하게 만나보세요.

INGREDIENTS

쌀바게트 240g
대패목삼겹살 200g
당근 100g
무 100g
오이 2/3개
고수 적당량(취향껏)

고기 양념
진간장 1큰술
맛술 1큰술
황설탕 0.5큰술
피시소스 1작은술
굴소스 1작은술
다진 마늘 1작은술
후추 약간

당근무절임 양념
식초3T
설탕3T
소금1t

스리라차마요 스프레드(31쪽 참조)

HOW TO MAKE

1 대패목삼겹살에 고기 양념을 모두 넣어 양념해줍니다.
2 당근과 무는 채 썰고, 오이는 어슷하게 슬라이스해줍니다.
3 고수는 취향껏 준비합니다.
4 채 썬 당근과 무를 볼에 담아 식초, 설탕, 소금을 넣어 섞어주고 30분 정도 절인 후 물기를 꼭 짜줍니다.
5 스리라차마요 스프레드를 만들어줍니다.
6 양념한 돼지고기를 바싹하게 볶아주고 마지막에 토치로 불향을 입혀줍니다.
7 반을 자른 바게트 한쪽 면에 스리라차마요 스프레드를 듬뿍 발라주고 슬라이스한 오이를 겹쳐서 올려줍니다.
8 준비한 고기의 절반을 올려줍니다.
9 당근무절임도 넉넉히 올려줍니다.
10 기호에 따라서 적당량의 고수를 더해줍니다.
11 남은 바게트 반쪽에 스리라차마요 스프레드를 듬뿍 발라준 뒤 덮어 완성합니다.

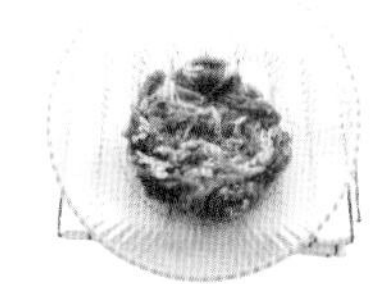

TOPPING

리코타치즈 과일 샌드위치

리코타치즈와 달콤상큼한 과일로 만든 핑거푸드 스타일의 샌드위치입니다.
홈파티 메뉴로도 좋아요.

INGREDIENTS

바게트 3쪽
딸기 1~2개
바나나 1/5개
그린키위 1/2개
리코타치즈 3큰술
올리브오일 1큰술
장식용 애플민트 약간

HOW TO MAKE

1 슬라이스한 바게트는 기름 없이 살짝 구워줍니다.
2 그린키위, 바나나, 딸기는 적당량의 크기로 슬라이스해주세요.
3 구운 바게트 한쪽 면에 올리브오일을 발라줍니다.
4 바게트 위에 각각 리코타치즈 1큰술씩 듬뿍 발라주세요.
5 바나나, 딸기, 그린키위를 적당량씩 올려줍니다.
6 애플민트로 장식해 완성합니다.

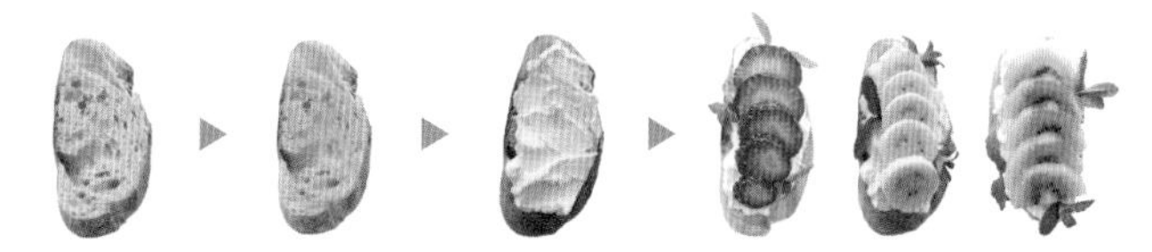

Grilled Short Rib Patties and Romaine Lettuce Sandwich

떡갈비 로메인 샌드위치

두툼한 떡갈비에 다양한 재료를 더해 완성했습니다.
든든해서 한 끼 식사로도 손색없어요.

INGREDIENTS

호밀식빵 2장
떡갈비 120g
토마토 60g
로메인 23~25g
양상추 40g
체더슬라이스치즈 1장
돈가스소스(시판) 1.5큰술
식용유 약간

홀그레인마요 스프레드 I (31쪽 참조)

HOW TO MAKE

1. 떡갈비는 식용유를 둘러준 팬에 앞뒤를 노릇하게 구워주세요.
2. 식빵 한쪽 면에 홀그레인마요 스프레드 I을 발라줍니다.
3. 로메인, 양상추, 토마토 순으로 올려주세요
4. 떡갈비를 올려준 뒤 돈가스소스를 더해주세요.
5. 체더치즈를 올려주고 식빵 한쪽 면에 홀그레인마요 스프레드 I을 발라 완성합니다.

TOPPING

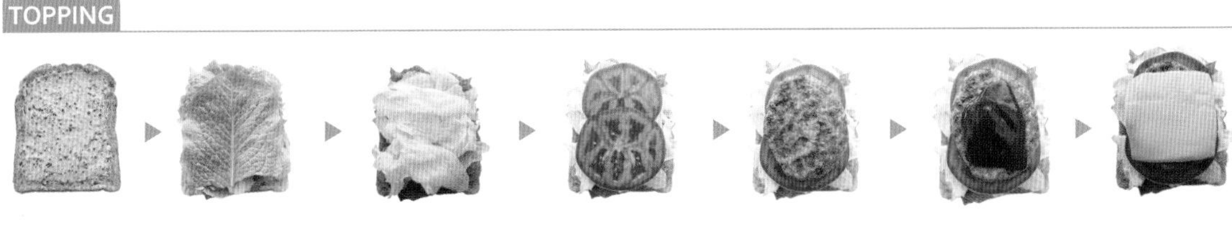

몬테크리스토 샌드위치

한 번 빠지면 삼각형 모양만 보아도 기분 좋아지는 메뉴입니다.
햄과 치즈로 '단짠' 조합을 즐겨보세요.

INGREDIENTS

식빵 3장
샌드위치햄 2장
체더슬라이스치즈 2장
딸기잼 2큰술
허니머스터드 1큰술
빵가루 1컵
식용유

달걀물
달걀 2개
우유 3큰술
설탕 0.5큰술
소금 1꼬집

HOW TO MAKE

1 달걀 2개를 잘 풀어준 뒤 우유, 설탕, 소금을 넣고 잘 풀어줍니다.
2 식빵 한쪽 면에 머스터드소스를 발라주고 샌드위치햄과 체더치즈를 올려주세요.
3 한쪽 면에 딸기잼을 바른 식빵을 올려준 뒤 그 위에 머스터드소스를 발라줍니다.
4 3 위에 샌드위치햄과 체더치즈를 올려준 뒤 다시 한 번 잼을 바른 식빵을 올려주어 식빵을 3단으로 쌓아주세요.
5 달걀물을 사방으로 촉촉이 발라준 뒤 빵가루를 입혀줍니다.
6 예열한 팬에 식용유를 넉넉히 둘러주고 빵가루 입힌 식빵을 노릇하게 구워줍니다.
7 먹기 좋은 크기로 잘라 완성합니다.

TIP

빵가루에 스프레이로 물을 뿌려 촉촉하게 해주면 달걀 입힌 식빵에 풍성하고 손쉽게 빵가루를 입혀줄 수 있습니다.

할라피뇨 매콤 참치 샌드위치

참치에 매콤함을 곁들여 고소하면서도
느끼함이 없는 샌드위치입니다.

INGREDIENTS

잡곡식빵 2장
오이 35~36g
토마토 65g
체더슬라이스치즈 1장
샐러드레터스 40g
양파 20g
피클 15g
할라피뇨 15g

참치마요
캔참치 150g
마요네즈 2.5큰술
레몬즙 1작은술
후추 약간

허니마요홀그레인 스프레드 I (30쪽 참조)

HOW TO MAKE

1 캔참치는 체에 밭쳐 숟가락으로 꾹꾹 눌러 기름기를 최대한 거릅니다.
2 양파, 피클, 할라피뇨는 각각 잘게 다져줍니다.
3 참치에 다진 양파, 다진 피클, 다진 할라피뇨, 마요네즈, 레몬즙, 후추를 넣고 잘 버무려 참치마요를 만들어주세요.
4 식빵 한쪽 면에 허니마요홀그레인 스프레드 I을 발라줍니다.
5 샐러드레터스, 체더치즈, 토마토, 참치마요, 슬라이스한 오이 순으로 올려줍니다.
6 식빵 한쪽 면에 허니마요홀그레인 스프레드 I을 발라 완성합니다.

 ▶  ▶  ▶  ▶  ▶  ▶ 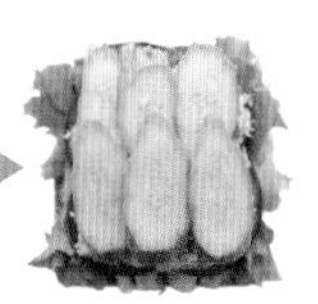

 ▶ 

식빵롤
샌드위치

한 입에 쏙, 맛보는 재미까지 어우러져 출출할 때
간식으로 만들면 좋은 샌드위치예요.

INGREDIENTS

우유식빵 3장
샌드위치햄 3장
체더슬라이스치즈 3장
딸기잼 0.7큰술

HOW TO MAKE

1 우유식빵의 테두리를 깔끔하게 잘라줍니다.
2 밀대를 이용해서 식빵을 펴주세요.
3 그 위에 딸기잼을 소량 골고루 발라줍니다.
4 샌드위치햄과 체더치즈를 올려준 뒤 끝에서부터 돌돌 말아주세요.
5 랩핑을 한 다음 적당량의 시간이 지난 뒤 먹기 좋은 크기로 잘라 완성합니다.

TOPPING

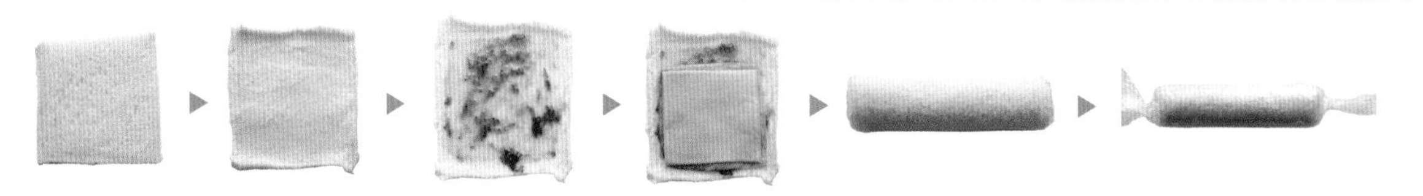

Sweet Potato Cream Cheese Sandwich

고구마무스 크림치즈 샌드위치

달콤한 고구마와 고소한 치즈를 곁들여 만들었어요.
만들기 쉽고 달콤해서 아이 간식으로 그만이에요.

INGREDIENTS

모닝빵 3개, 건크랜베리 10g, 구운 무염피스타치오 10g
크림치즈 2큰술

고구마무스
고구마 2개(335g), 마요네즈 2큰술, 연유 1큰술
우유 1큰술, 소금 1꼬집, 파슬리가루(장식용) 약간

HOW TO MAKE

1. 고구마를 쪄주세요.
2. 건크랜베리와 구운 피스타치오는 잘게 다져줍니다.
3. 찐 고구마 껍질을 제거한 뒤 으깨어주세요.
4. 잘게 다진 피스타치오와 건크랜베리를 볼에 넣고 마요네즈, 연유, 우유, 소금을 넣어 고구마무스를 만들어주세요.
5. 모닝빵을 반으로 잘라줍니다.
6. 안쪽 면에 크림치즈를 넉넉히 발라줍니다.
7. 고구마무스로 속을 채워 완성한 뒤 파슬리가루로 장식을 해줍니다.

훈제연어 랜치소스 샌드위치

연어에 환상적으로 어울리는 랜치소스를 곁들여
베이글에 쏘~옥 넣어 만든 샌드위치입니다.

INGREDIENTS

어니언베이글 1개
훈제연어 60g
양파 슬라이스 25g
오이 슬라이스 20g
토마토 25g
로메인 10g
샐러드레터스 10g
케이퍼 7알

크림치즈랜치 스프레드(31쪽 참조)

HOW TO MAKE

1 베이글을 반으로 잘라주고 한쪽 면에 크림치즈랜치 스프레드를 듬뿍 발라주세요.
2 로메인, 샐러드레터스, 양파 슬라이스를 올려주세요.
3 슬라이스한 토마토, 오이, 훈제연어를 올려주세요.
4 케이퍼를 올려줍니다.
5 베이글 한쪽 면에 크림치즈랜치 스프레드를 듬뿍 발라 완성합니다.

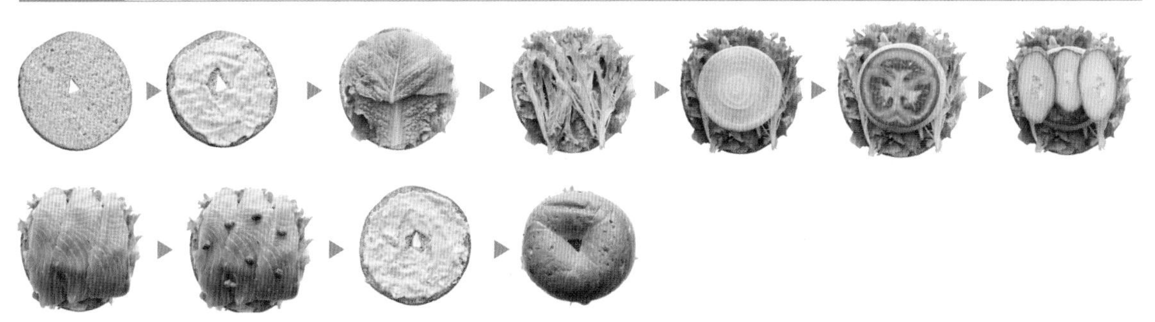

단호박무스 크랜베리 샌드위치

달콤한 단호박과 상큼한 건크랜베리를 곁들여
부드럽고 달콤하게 즐겨보세요.

INGREDIENTS

우유식빵 2장
건크랜베리 20g
청상추 30g
토마토 75g
크림치즈 2큰술

단호박무스
찐 단호박 150g
마요네즈 2큰술
꿀(또는 올리고당) 1작은술
소금 1꼬집

HOW TO MAKE

1 찐 단호박을 준비합니다.
2 단호박을 곱게 으깨어준 뒤 마요네즈, 꿀(또는 올리고당), 소금, 건크랜베리를 넣고 버무려 단호박무스를 만들어주세요.
3 청상추를 깨끗이 세척 후 물기를 털어 준비하고, 토마토는 4조각으로 슬라이스해서 준비합니다.
4 식빵 한쪽 면에 크림치즈 1큰술을 발라주고 그 위에 청상추의 절반을 올려줍니다.
5 단호박무스를 모두 올려주세요.
6 토마토를 올려주고 나머지 청상추를 올려줍니다.
7 식빵 한쪽 면에 크림치즈 1큰술을 발라서 완성합니다.

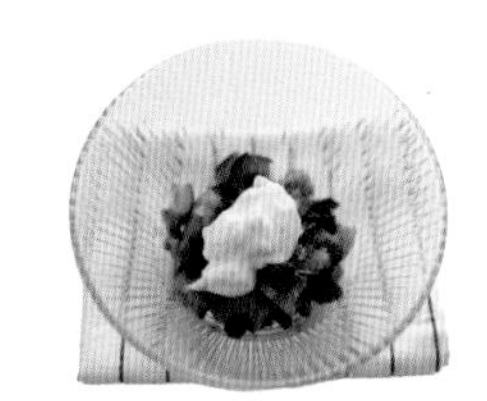

TOPPING

Bacon, Lettuce, Tomato and Egg Sandwich

BELT 샌드위치

샌드위치의 대표 재료인 베이컨, 달걀, 양상추, 토마토의
베스트 조합으로 완성한 샌드위치입니다.

INGREDIENTS

호밀식빵 2장
토마토 75g
양상추 55g
베이컨 3줄(75g)
달걀 1개
체더슬라이스치즈 1장
소금 1꼬집
후추 약간

허니마요홀그레인 스프레드 I (30쪽 참조)

HOW TO MAKE

1 식빵 양면을 기름 없이 구워주세요.
2 달걀프라이를 반숙 또는 완숙으로 익혀주세요. 이때 소금 1꼬집과 후추를 약간 뿌려줍니다.
3 베이컨은 기름 없이 노릇하게 구워줍니다.
4 허니마요홀그레인 스프레드 I 을 식빵 한쪽 면에 펴 바릅니다.
5 준비한 양상추의 절반을 올려줍니다.
6 토마토, 달걀프라이, 체더치즈, 베이컨을 순서대로 올려준 뒤 남은 양상추를 올려줍니다.
7 식빵 한쪽 면에 허니마요홀그레인 스프레드 I 을 발라 완성합니다.

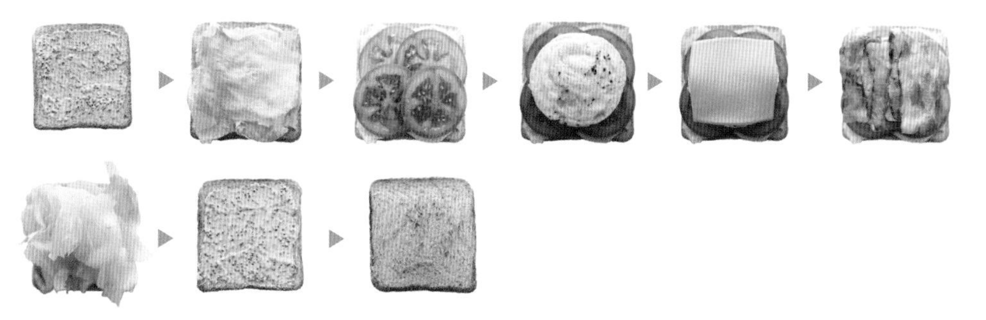

Bulgogi Ciabatta Sandwich

소불고기 치아바타 샌드위치

소불고기와 각종 재료가 어우러져 맛뿐 아니라 영양도 풍부합니다.
한 끼 식사로도 손색없을 정도로 포만감이 있습니다.

INGREDIENTS

블랙올리브치즈 치아바타 1개
소고기(불고기용) 150g
토마토 75g
양파 30g
양상추 20g
로메인 15g
체더슬라이스치즈 1장

소불고기 양념
올리고당 1큰술
맛술 1큰술
진간장 2작은술
참기름 0.5작은술
다진 마늘 0.5작은술
후추 약간

홀그레인꿀마요 스프레드(30쪽 참조)

HOW TO MAKE

1 소고기는 핏물을 키친타월로 최대한 제거하고 소불고기 양념을 넣어 재워주세요.
2 프라이팬에 볶아준 뒤 토치로 불향을 입혀줍니다.
3 치아바타는 반으로 잘라주고 기름 없이 한쪽 면을 구워주세요.
4 치아바타 위에 홀그레인꿀마요 스프레드 절반을 발라줍니다.
5 로메인, 양상추, 토마토, 불고기, 체더치즈, 양파 순으로 올려주세요.
6 치아바타에 남은 홀그레인꿀마요 스프레드를 발라 완성합니다.

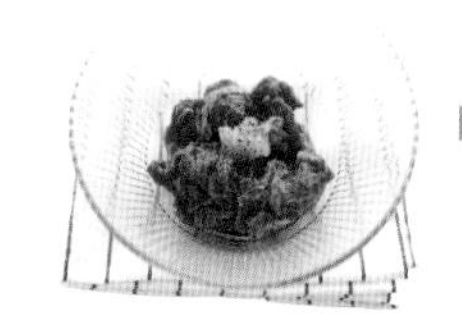

TOPPING

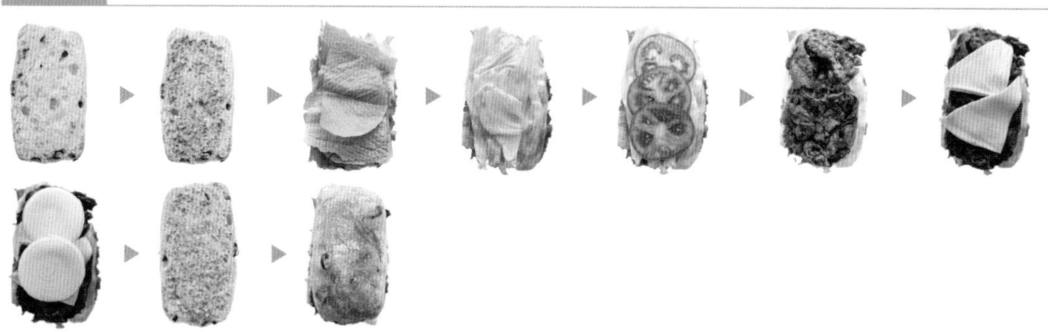

Cabbage and Ham Salad Sandwich

양배추 오이 햄 샌드위치

급식이나 음식점 기본 메뉴로 한 번쯤 보았을
채소 샐러드로 만든 샌드위치입니다.

INGREDIENTS

모닝빵 3개, 양배추 100g, 당근 20g
샌드위치햄 45g, 오이 1/6개, 케첩 적당량

소스
마요네즈 3큰술, 설탕 2/3큰술, 홀그레인머스터드 2/3큰술

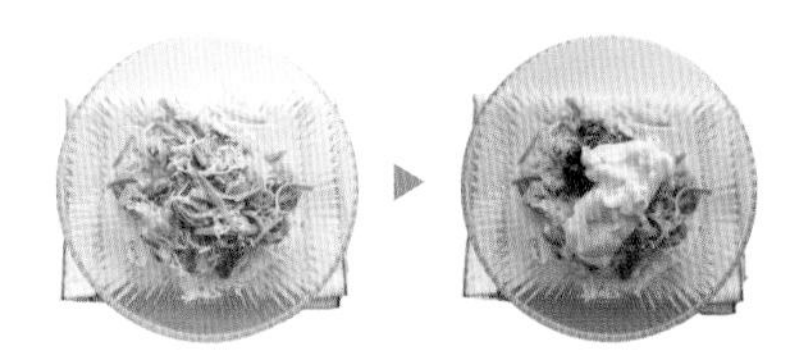

HOW TO MAKE

1 양배추, 당근, 샌드위치햄은 비슷한 두께와 길이로 채 썰어주세요.
2 1에 마요네즈, 설탕, 홀그레인머스터드를 넣어 버무려줍니다.
3 모닝빵을 반으로 슬라이스한 뒤 버무린 양배추를 취향껏 올려주세요.
4 동글하게 썬 오이를 올려줍니다.
5 케첩을 취향껏 뿌리고 2등분해둔 모닝빵을 덮어 완성합니다.

TOPPING

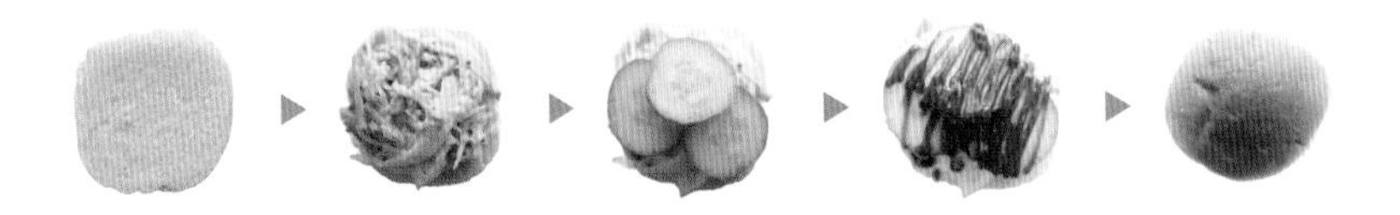

English Muffin Breakfast Sandwich

잉글리시머핀 베이컨 치즈 샌드위치

잉글리시머핀을 활용하여 만든 샌드위치예요.
간단하면서도 든든해 아침 식사 메뉴로도 그만이에요.

INGREDIENTS

잉글리시머핀 2개, 달걀 2개
베이컨 4장 75g, 체더슬라이스치즈 2장
딸기잼 3큰술, 무염버터 10g, 소금, 후추 약간

HOW TO MAKE

1 잉글리시머핀의 토핑을 올릴 안쪽 면을 버터에 구워주세요.
2 달걀에 소금 약간과 후추를 뿌려 달걀프라이를 만들어주세요.
3 기름 없이 베이컨을 구워주세요.
4 구운 잉글리시머핀 한쪽 면에 딸기잼을 골고루 펴 바릅니다.
5 체더치즈, 달걀프라이를 올려주세요.
6 베이컨을 올려주고 딸기잼 바른 잉글리시머핀으로 마무리해주세요.

TOPPING

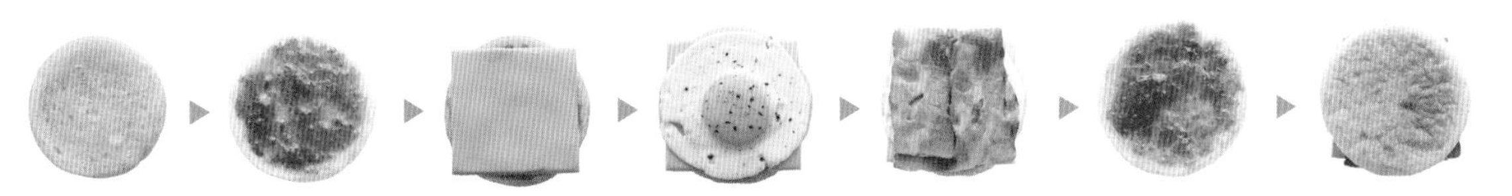

Imitation Crab Avocado Sandwich

크래미 아보카도 그릭요거트 샌드위치

아보카도, 크래미, 그릭요거트를 조합했습니다.
신선하면서도 담백하게 즐길 수 있어요.

INGREDIENTS

잡곡식빵 2장
크래미 75g
토마토 55g
샐러드레터스 20g
후숙한 아보카도 1/2개
달걀 1개
그릭요거트 2큰술
후추 약간
식용류 약간
소금 1꼬집

허니마요홀그레인 스프레드 I(30쪽 참조)

HOW TO MAKE

1 크래미는 잘게 결대로 찢어주고 그릭요거트, 후추를 넣어 버무려주세요.
2 달걀에 소금 1꼬집을 넣고 잘 풀어준 뒤 팬에 부어 스크램블에그를 만들어줍니다.
3 식빵 한쪽 면에 허니마요홀그레인 스프레드 I을 발라주세요.
4 샐러드레터스, 버무려준 크래미, 슬라이스한 아보카도, 토마토, 스크램블에그 순으로 올려줍니다.
5 식빵 한쪽 면에 허니마요홀그레인 스프레드 I을 발라 완성합니다.

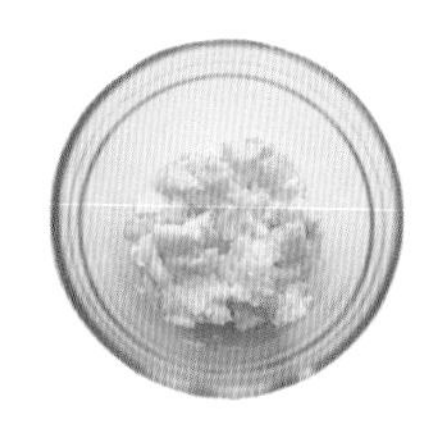

TOPPING

Ham and Cheese Sandwich

대만식 햄 치즈 샌드위치

특유의 단짠 스프레드와 햄과 치즈를 재현했습니다.
입에서 사르르 녹는 맛에 빠져보세요.

INGREDIENTS

식빵 4장
달걀 2개
체더슬라이스치즈 1장
샌드위치햄 1장
소금 1꼬집
식용류 약간

올리마요 스프레드(31쪽 참조)
연유버터 스프레드(31쪽 참조)

HOW TO MAKE

1. 달걀 2개는 체로 걸러 알끈을 제거하고 소금 1꼬집을 넣어 풀어줍니다.
2. 달걀지단을 식빵 크기로 얇게 2장 만들어주세요.
3. 식빵 한쪽 면에 올리마요 스프레드를 발라줍니다.
4. 달걀지단을 올려주세요.
5. 연유버터 스프레드를 바른 식빵을 겹쳐 올려주고 그 위에 연유버터 스프레드를 발라 주세요.
6. 샌드위치햄과 체더치즈를 올려줍니다.
7. 식빵 한쪽 면에 연유버터 스프레드를 발라서 겹쳐줍니다.
8. 겹친 식빵 윗면에 연유버터 스프레드를 얇게 발라줍니다.
9. 8에 달걀지단을 올린 뒤 식빵 한쪽 면에 올리마요 스프레드를 발라 덮어 완성합니다. 테두리를 깔끔하게 잘라내고 먹기 좋은 크기로 잘라주세요.

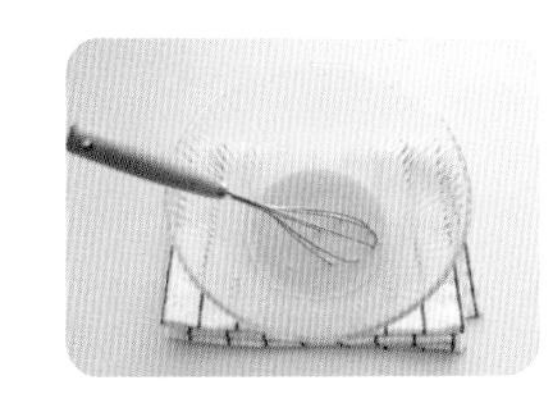

TOPPING

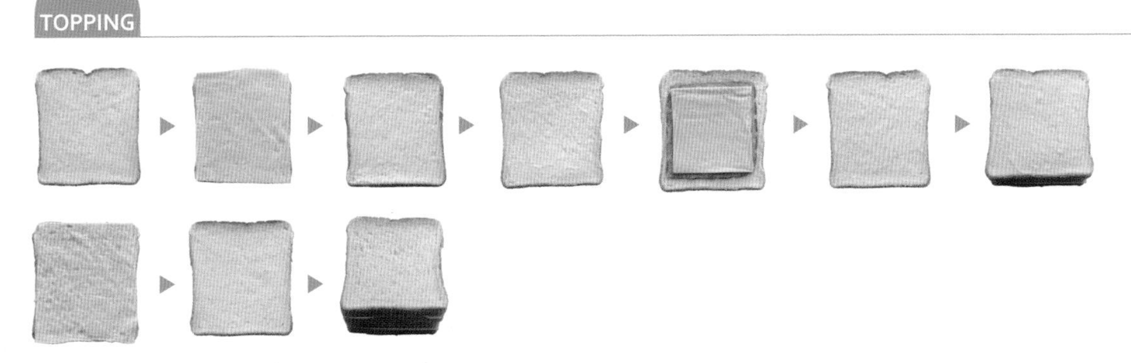

Smoked Salmon Bruschetta with Tomato and Grilled Mushroom

훈제연어 토마토 버섯 부르스케타

구운 바게트에 연어, 토마토, 구운 버섯을 곁들여 완성했어요.
핑거푸드로도 즐길 수 있어요.

INGREDIENTS

바게트 3쪽
훈제연어 60g
느타리버섯 80g
양파 30g
루콜라 5~6g
토마토 적당량
케이퍼 3개
빵에 바를 올리브오일 0.5큰술
파마산치즈가루 약간
발사믹글레이즈드 약간

버섯볶음소스
올리브오일 1.5큰술
발사믹식초 1작은술
올리고당 1작은술
소금 약간
후추 약간

HOW TO MAKE

1 느타리버섯은 손으로 잘게 찢어 준비하고 양파는 채 썰어주세요.
2 예열된 팬에 올리브오일을 둘러준 뒤 양파와 느타리버섯을 볶아주다가 발사믹식초, 올리고당, 소금, 후추를 넣어 양념한 뒤 한 김 식혀줍니다.
3 어슷하게 썬 바게트 한쪽 면에 올리브오일을 발라주세요.
4 그 위에 볶은 버섯을 올려주고 루콜라를 적당량 올려줍니다.
5 바게트에 각각 훈제연어를 20g씩 올려주고 케이퍼 1개와 파마산치즈가루를 적당량 뿌려줍니다.
6 시식 전에 발사믹글레이즈드를 적당량 뿌려 완성합니다.

TOPPING

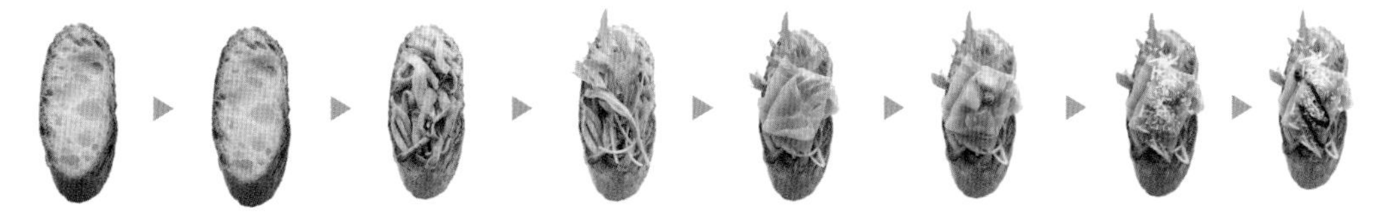

클럽 샌드위치

피크닉 도시락 메뉴를 고민 중이라면 클럽 샌드위치를 추천합니다.
크루아상으로 만들어 고소함을 더했습니다.

INGREDIENTS

크루아상 1개
양상추 25g
토마토 40g
베이컨 2줄
샌드위치햄 2장
체더슬라이스치즈 1장
피클 20g

마요꿀머스터드 스프레드(31쪽 참조)

HOW TO MAKE

1. 베이컨을 기름 없이 노릇하게 구워주세요.
2. 크루아상을 반으로 자르고 한쪽 면에 마요꿀머스터드 스프레드를 발라줍니다.
3. 양상추, 구운 베이컨, 토마토, 체더치즈, 샌드위치햄, 피클 순으로 올려주세요.
4. 크루아상 반쪽에 남은 마요꿀머스터드 스프레드를 발라 덮어 완성합니다.

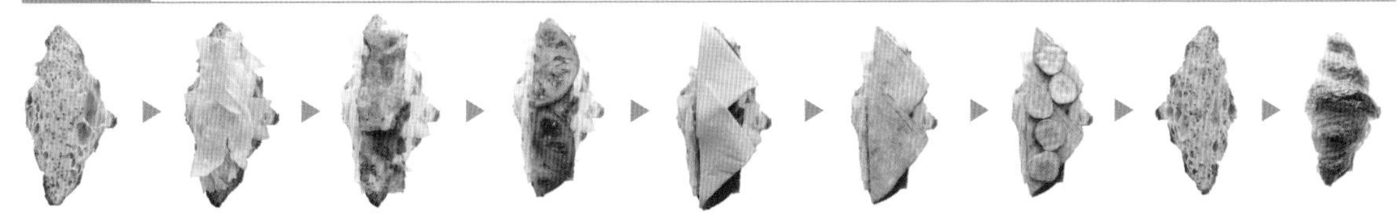

PART 2

스프레드가 다양해서
입안이 즐거워

윤스
샌드위치

샌드위치 스프레드

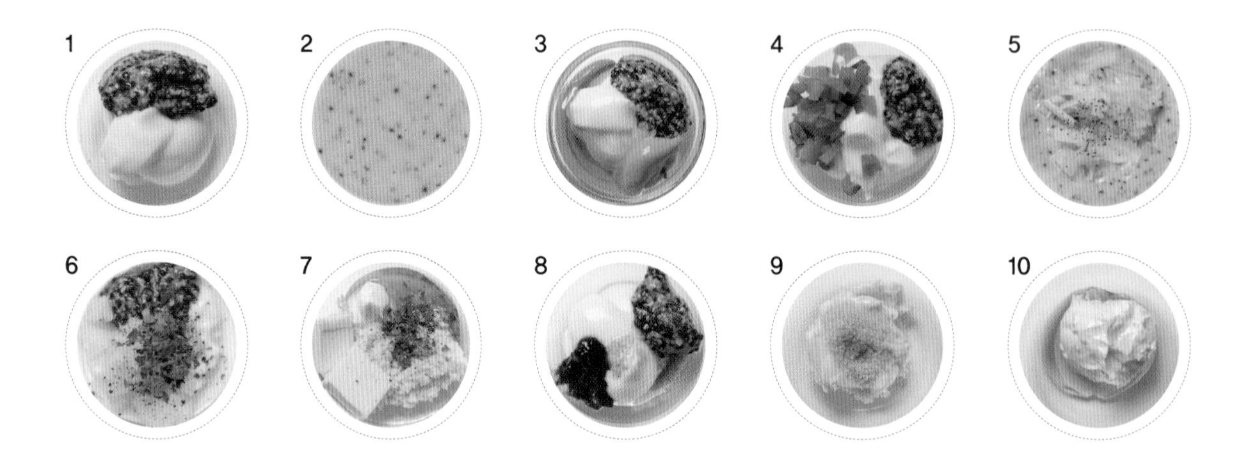

1. 마요 스프레드

마요네즈 1큰술, 홀그레인머스터드 1/2작은술

응용 메뉴 시금치소테 샌드위치

2. 허니머스터드 스프레드 I

마요네즈 2큰술, 머스터드 1작은술, 홀그레인머스터드 1작은 꿀 1큰술

응용 메뉴 허니머스터드 에그 베이컨 샌드위치, BBQ 햄버거 샌드위치, 스테이크 샌드위치

3. 허니머스터드 스프레드 II

마요네즈 1큰술, 꿀 1/2큰술, 머스터드 1작은술
홀그레인머스터드 1작은술

응용 메뉴 케이준치킨 또띠아롤 샌드위치, 햄 치아바타 샌드위치

4. 피클마요 스프레드

마요네즈 2큰술, 홀그레인머스터드 1큰술, 다진 피클 1큰술

응용 메뉴 연어 바질페스토 샌드위치

5. 양파마요 스프레드 I

마요네즈 2큰술, 홀그레인머스터드 1작은술, 다진 양파 1큰술
후추 약간

응용 메뉴 갈릭버터 연어 베이글 샌드위치

6. 양파마요 스프레드 II

마요네즈 1큰술, 다진 양파 1큰술, 연유 1작은술
홀그레인머스터드 1작은술

응용 메뉴 치킨 피타 샌드위치

7. 마늘 스프레드

다진 마늘 3큰술, 꿀 1큰술, 마요네즈 1큰술, 파슬리가루 약간
후추 약간

응용 메뉴 갈릭버터 연어 베이글 샌드위치

8. 스리라차 스프레드

마요네즈 2큰술, 홀그레인머스터드 1작은술
스리라차소스 1/2작은술

응용 메뉴 데리야키 치킨 샌드위치

9. 버터 스프레드

버터 20g, 황설탕 1/2큰술

응용 메뉴 트리플치즈 토스트

10. 꿀크림치즈 스프레드

크림치즈 100g, 꿀 1큰술

응용 메뉴 토마토 루콜라 브루스케타

* 이 파트의 스프레드 분량은 해당 샌드위치 각각의 정량입니다. 기호껏 사용해주세요.
* 1T(큰술) = 15ml / 1t(작은술) = 5ml
* 빵은 굽지 않고 부드럽게 혹은 팬이나 토스터에 구워 바삭하게 원하는 식감으로 선택합니다.
  빵을 구워 만드는 경우 구운 빵을 충분히 식혀준 뒤 스프레드와 재료를 올려주어야 맛과 모양의 변형이 없습니다.

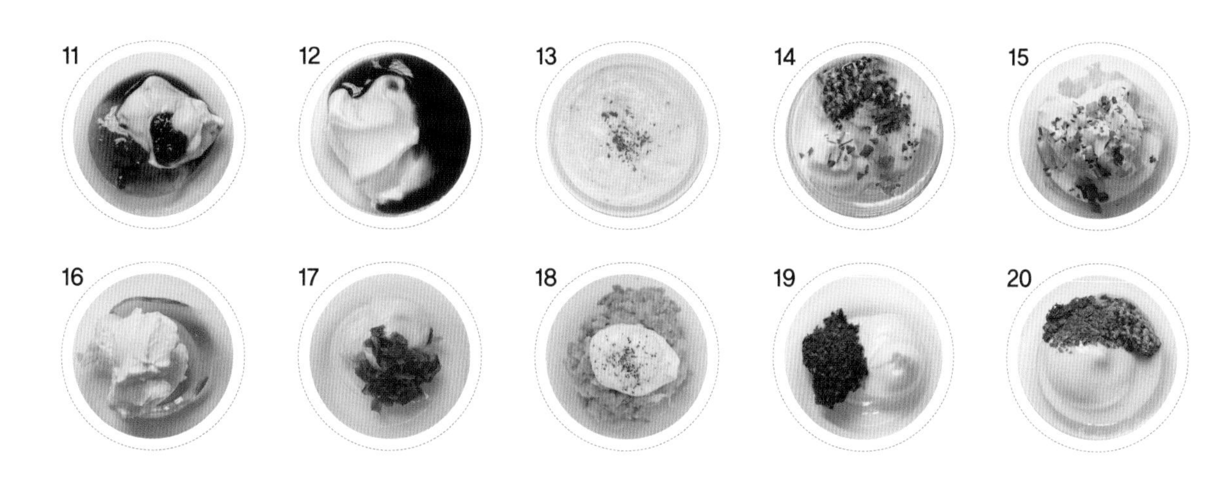

11. 피시마요 스프레드

마요네즈 3큰술, 스리라차소스 1/2작은술, 스위트칠리소스 1큰술
피시소스 1/2작은술

응용 메뉴 무피클 돼지고기 샌드위치

12. 돈가스마요 스프레드

돈가스소스 2큰술, 마요네즈 1큰술

응용 메뉴 칠리치킨 모닝빵 샌드위치

13. 베샤멜 스프레드

밀가루 40g, 버터 40g, 우유 400ml, 고운 소금 2~3꼬집
후추 2~3꼬집, 파슬리가루 2~3꼬집

만드는 방법

팬에 버터와 밀가루를 볶다가 우유를 2~3번에 나눠 넣으며 뭉근하게 끓여 꾸덕꾸덕해지면 불을 끄고 고운 소금, 후추, 파슬리가루를 넣어줍니다.

응용 메뉴 크로크무슈 & 크로크마담

14. 그릭마요 스프레드

마요네즈 1큰술, 홀그레인머스터드 1작은술, 꿀 1큰술
그릭요거트 1큰술

응용 메뉴 파스트라미 샌드위치

15. 쪽파크림 스프레드

크림치즈 100g, 연유 1큰술, 쪽파 1대, 파슬리가루 약간

응용 메뉴 크림치즈 루콜라 샌드위치, 리얼 크랩 샌드위치

16. 크림치즈 스프레드

크림치즈 100g, 꿀 2큰술, 홀그레인머스터드 1작은술
파슬리가루 1작은술

응용 메뉴 호두 브리치즈 샌드위치

17. 청양마요 스프레드

마요네즈 1큰술, 청양고추잼 1큰술

청양고추잼 만드는 방법

청양고추(100g)와 동량의 설탕(100g)을 계량한 후 청양고추를 다져서 설탕과 섞어 졸여줍니다.

응용 메뉴 BBQ 햄버거 샌드위치

18. 아보마요 스프레드

아보카도 1/2개, 마요네즈 1큰술, 후추 약간

응용 메뉴 새우 아보카도 샌드위치, 칠리새우 샌드위치

19. 바질마요 스프레드

마요네즈 2큰술, 바질페스토 1큰술

응용 메뉴 소보로 피자 샌드위치, 풀드포크 샌드위치

20. 연유마요 스프레드

마요네즈 2큰술, 홀그레인머스터드 1작은술, 연유 1작은술
파슬리가루 1작은술

응용 메뉴 구운 가지 버섯 샌드위치

Pork Sandwich with Pickled Daikon Radish

무피클 돼지고기 샌드위치

아삭한 식감의 채소 피클과 짭조름하면서 이국적인 소스에 볶은 돼지고기를 더해
채즙과 육즙이 입안에서 팡팡 터집니다.

INGREDIENTS

쌀바게트(반미) 2개
로메인 1포기
고추 1개
무 70g
당근 70g
돼지고기(앞다릿살 볶음용) 300g
고수(선택) 약간

고기 밑간
피시소스 1큰술, 황설탕 1/2큰술, 다진 마늘 1큰술, 생강즙 1/2작은술, 후추 약간

당근피클/무피클
물 2큰술, 식초 2큰술, 황설탕 1큰술, 고운 소금 1/2작은술

피시마요 스프레드(87쪽 참조)

HOW TO MAKE

1 반미 바게트는 오븐이나 에어프라이어에서 170℃ 5분 구워준 후 반으로 가르고 피시마요 스프레드를 고르게 바르고 로메인을 깔아줍니다.
2 볶음용으로 얇게 슬라이스한 고기에 밑간 양념을 모두 넣어 버무린 후 팬에 바싹 볶아 1 위에 올려줍니다.
3 당근과 무를 채 썰어 물, 식초, 황설탕, 고운 소금을 넣어 버무려 당근피클과 무피클을 만들어줍니다. 당근피클과 무피클을 꽉 짜서 물기 없이 고기 위에 올려줍니다. 그 위에 고추를 어슷하게 썰어 올려주고 고수를 좋아한다면 올려주어도 좋습니다.

TIP

- 피시소스 대신 멸치액젓을 사용해도 됩니다.
- 고수는 호불호가 있으니 취향껏 넣어줍니다.

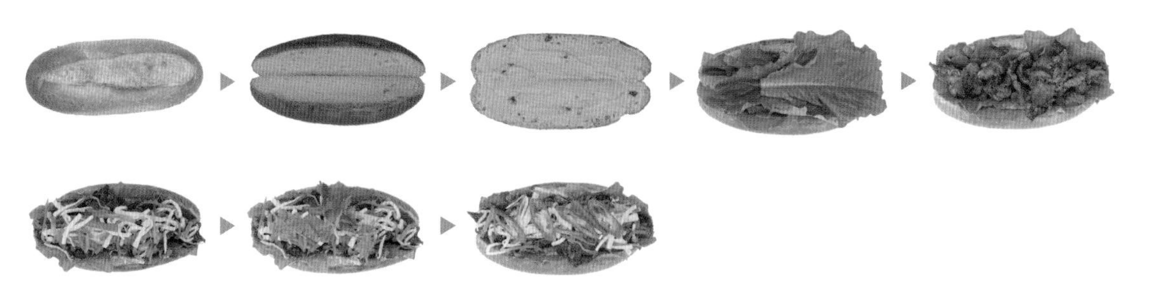

칠리치킨 모닝빵 샌드위치

닭갈비에서 아이디어를 얻은 메뉴입니다.
느끼함 제로, 매콤달콤 쫄깃한 맛에 든든함까지 갖추었어요.

INGREDIENTS

닭다릿살 3조각
치커리 60g
모닝빵 3개

고기 양념
고춧가루 1작은술, 파프리카가루 1작은술
고운 소금 1/2작술, 설탕 1작은술

돈가스마요 스프레드(87쪽 참조)

HOW TO MAKE

1 닭다릿살에 분량의 고기 양념 재료를 모두 넣어 30분 재워준 후 팬에 바싹 구워줍니다.
2 마른 팬에 모닝빵을 구워준 후 한 김 식혀 돈가스마요 스프레드를 고르게 바릅니다.
3 치커리를 접어서 올려주고 바싹 구운 닭다릿살을 올려줍니다.
4 빵을 덮어 꼬지로 고정해주면 완성입니다.

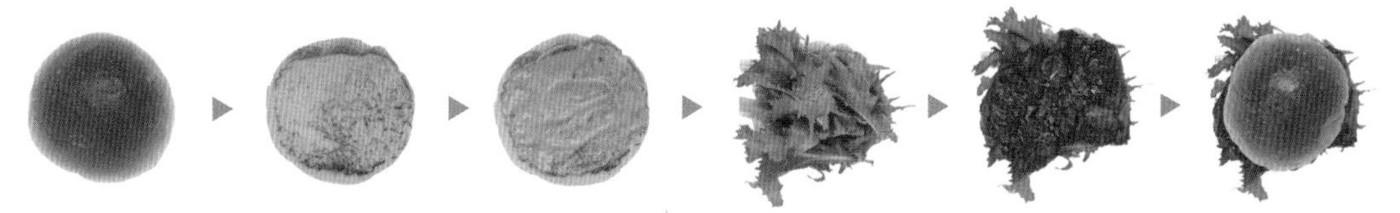

크로크무슈 & 크로크마담

호불호 없이 먹기 좋은 햄 치즈 샌드위치의 활용 버전입니다.
어떤 요리와도 잘 어울려 브런치 메뉴로도 손색이 없어요.

INGREDIENTS

2개 분량
식빵 4장
에멘탈슬라이스치즈 2장
체더슬라이스치즈 2장
샌드위치햄 4장
피자치즈 80g
연유 2큰술
달걀프라이(크로크마담) 1장
후추 약간
파슬리가루 약간

베샤멜 스프레드(87쪽 참조)

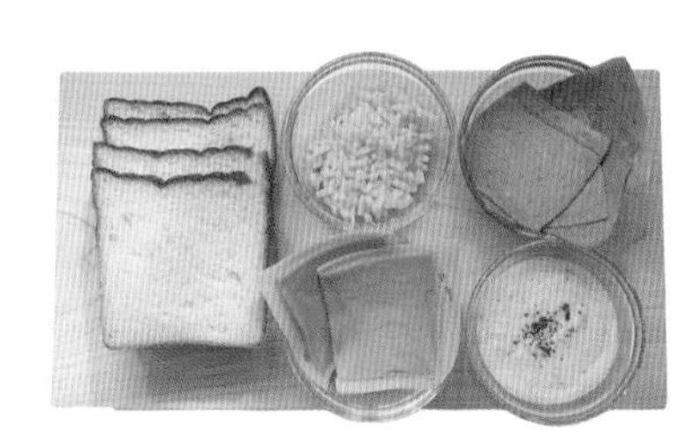

HOW TO MAKE

1 식빵 위에 연유 1큰술을 고르게 바르고 베샤멜 스프레드를 양껏 발라줍니다.
2 샌드위치햄 2장을 올리고 에멘탈치즈와 체더치즈를 1장씩 올려줍니다.
3 식빵 1장을 올려 덮고 윗면에 베샤멜 스프레드를 발라준 후 피자치즈를 올려줍니다.
4 180℃ 오븐이나 에어프라이어에서 10~15분간 치즈가 녹고 구움색이 나도록 구워줍니다.
5 파슬리가루, 후추를 적당량 뿌려주고 같은 방법으로 하나 더 만들어 달걀프라이를 만들어 크로크마담도 만들어줍니다.

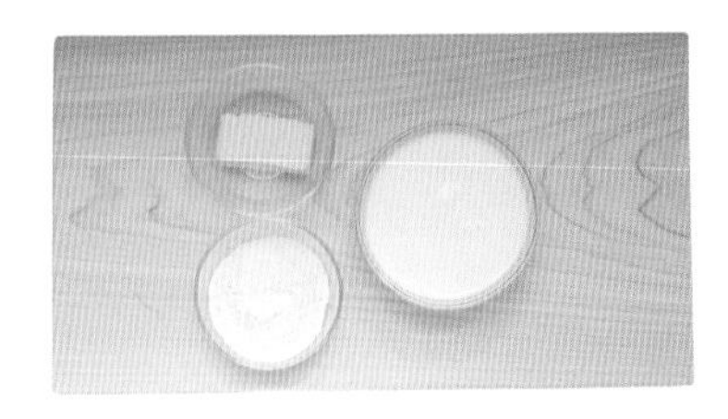

TIP

베샤멜 스프레드는 '밀가루 1 : 버터 1 : 우유 10'의 비율로 만들면 됩니다.

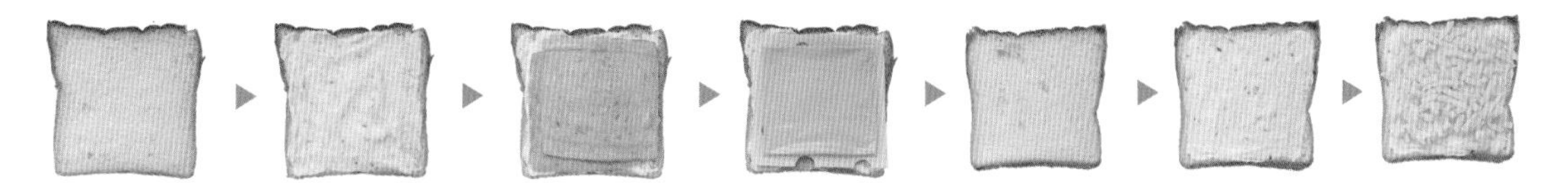

Brie with Walnuts Sandwich

호두 브리치즈 샌드위치

사과, 호두, 브리치즈를 넣어 간단하지만 영양을 꽉 채워 만들었어요.
크림치즈의 고소함에도 반할 거예요.

INGREDIENTS

2개 분량
잡곡식빵 4장
작은 크기 사과 1개
와일드 루콜라 30g
브리치즈 슬라이스 4장
호두 20g

크림치즈 스프레드(87쪽 참조)

HOW TO MAKE

1 잡곡식빵은 토스터에 구워서 서로 기대어 한 김 식혀줍니다.
2 사과는 껍질째 깨끗하게 세척한 후 씨를 제거하고 얇게 슬라이스해줍니다.
3 1의 식빵 위에 크림치즈 스프레드를 바르고 슬라이스한 사과와 호두를 올려줍니다.
4 세척 후 물기를 제거한 루콜라와 브리치즈 2장을 올려주고 남은 빵으로 덮어줍니다.
5 같은 방법으로 하나를 더 만들어줍니다.

TIP

호두는 마른 팬에 구워서 식혀 사용하면 더 고소합니다.

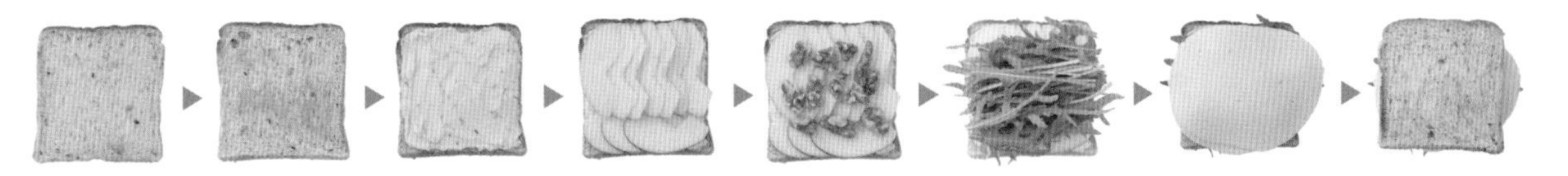

연어 타르타르 브루스케타

하나씩 집어 먹기 좋은 핑거푸드 브루스케타예요.
알록달록 연어 타르타르가 구운 빵 위에서 보석처럼 빛난답니다.

INGREDIENTS

바게트 1개
훈제연어 5줄
다진 양파 1큰술
다진 피클 1큰술
아보카도 1/2개
쪽파 2대
마요네즈 1큰술
간장 1작은술
와사비 1/2작은술
설탕 1작은술
레몬즙 1작은술
후추 적당량
파슬리가루 적당량

HOW TO MAKE

1 훈제연어는 키친타월로 기름을 닦아준 후 잘게 다져주세요.
2 양파와 피클은 잘게 다져 레시피 분량을 만들어주고 쪽파와 아보카도도 다져줍니다.
3 1과 2를 볼에 담아준 후 마요네즈, 간장, 와사비, 설탕, 레몬즙을 넣어 버무려주고 후추와 파슬리가루 적당량을 넣어 마무리합니다.
4 구운 바게트 위에 올려주거나 바게트를 곁들여 냅니다.

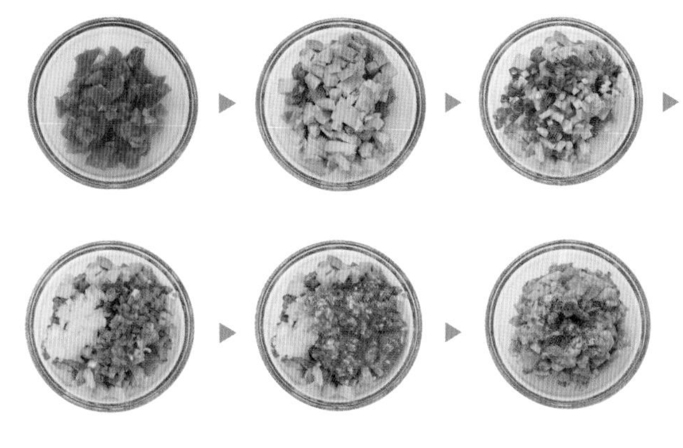

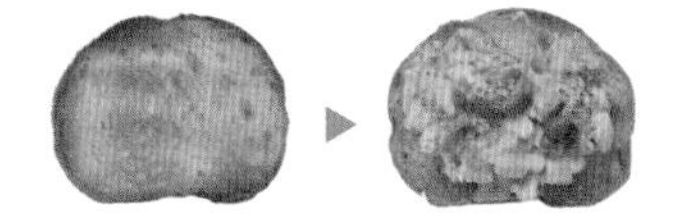

시금치소테 샌드위치

버터에 볶은 시금치와 스크램블의 고소함과 담백함 덕분에 속에 부담이 없고 영양도 챙길 수 있어요. 시금치를 싫어하는 아이들도 좋아한답니다.

INGREDIENTS

2개 분량
식빵 4장, 시금치 10뿌리, 달걀 4개
체더슬라이스치즈 2장, 우유 1작은술, 맛술 1작은술
버터 2조각(20g), 소금 1/3작은술

마요 스프레드(86쪽 참조)

HOW TO MAKE

1 뿌리를 제거하고 손질한 시금치는 씻어 물기를 제거한 후 썰어서 버터 1조각을 두른 팬에 넣어 고운 소금을 넣고 재빠르게 볶아 소테합니다.
2 풀어준 달걀에 맛술과 우유를 넣고 버터 1조각을 두른 팬에 스크램블해줍니다.
3 식빵을 구운 후 서로 기대어 한 김 식힌 후 마요 스프레드를 고르게 바릅니다.
4 소테한 시금치와 스크램블에그를 차례로 올리고 구운 맨 식빵을 덮어 완성합니다.

TIP

랩을 이용해서 타이트하게 포장해주어야 내용물이 흘러내리지 않습니다.

TOPPING

 ▶  ▶  ▶  ▶ 

케이준치킨 또띠아롤 샌드위치

치킨이 있을 때 케이준소스를 발라 만들기 간편한 샌드위치입니다.
속재료를 욕심껏 넣으면 또띠아가 예쁘게 말리지 않으니
적당한 양을 넣어 말아주세요.

INGREDIENTS

또띠아(20cm) 1장, 치킨텐더 2개, 청상추 3장
토마토 슬라이스 2개, 루콜라 20g

허니머스터드 스프레드 II (86쪽 참조)

HOW TO MAKE

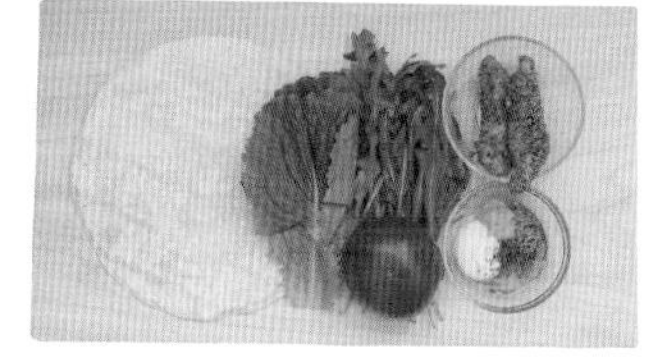

1 또띠아는 오래 구우면 딱딱해질 수 있으니 마른 팬에 노릇할 정도로만 구워주세요.
2 허니머스터드 스프레드 II를 적당량 발라줍니다.
3 청상추, 루콜라, 토마토 슬라이스 순으로 올려줍니다.
4 에어프라이어에 미리 10분간 구운 치킨텐더를 올리고 돌돌 말아줍니다.
5 랩으로 감싼 후 유산지로 한번 포장해줍니다.

TIP

- 청상추나 루콜라는 세척 후 물기를 완전히 제거하고 사용합니다.
- 또띠아롤을 만들 때는 재료를 적당량 넣어야 잘 말립니다.

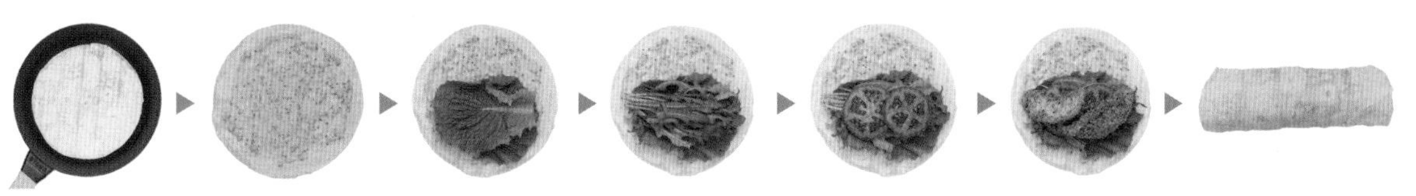

트리플치즈 토스트

몬터레이잭, 마일드체더, 콜비잭 3가지 다른 맛의 치즈로 구워내는
따뜻한 샌드위치예요.

INGREDIENTS

사우얼브레드 2조각
몬터레이잭치즈 20g
콜비잭치즈 20g
다진 마일드체더치즈 20g
마요네즈 1큰술

버터 스프레드(86쪽 참조)

HOW TO MAKE

1 곱게 다진 마일드체더치즈와 마요네즈를 섞어 사우얼브레드 위에 발라줍니다.
2 몬터레이잭치즈와 콜비잭치즈를 잘게 잘라서 올려주고 다른 사우얼브레드로 덮어줍니다.
3 2의 빵 윗면에 버터 스프레드 절반을 바른 후 팬에서 중불~약불로 조절하며 구워줍니다.
4 뒤집어서 윗면에도 남은 버터 스프레드를 발라 구워줍니다. 완성 후 먹기 좋게 잘라줍니다.

TOPPING

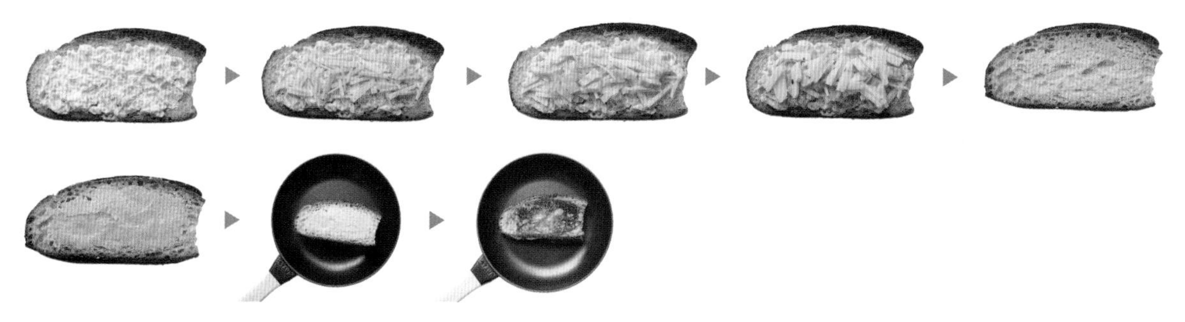

바질페스토 치즈 샌드위치

바게트에 바질페스토를 바르고 피자치즈를 올려 굽는 따뜻한 샌드위치예요.
치즈를 쭉 늘려 먹는 즐거움이 있어요. 향긋한 바질향이 매력적이랍니다.

INGREDIENTS

바게트(20~25cm) 1개
완두콩 30g
레몬딜버터 30g
바질페스토 2큰술
피자치즈 70~80g
파슬리가루 적당량

HOW TO MAKE

1 바게트는 먹기 좋게 떼어낼 수 있도록 밑면이 붙어 있게 칼집을 넣어줍니다.
2 바질페스토를 안쪽에 고르게 발라줍니다.
3 레몬딜버터를 적당하게 잘라 사이에 꽂아줍니다.
4 끓는 물에 1분 데친 완두콩을 사이에 넣고 피자치즈를 고르게 올려줍니다. 파슬리가루를 뿌려줍니다.
5 180℃ 오븐이나 에어프라이어에서 7~8분간 구워줍니다.

TIP

레몬딜버터가 없다면 일반 버터를 사용해도 됩니다. 레몬딜버터는 말랑한 무염버터 200g, 딜 10g, 레몬제스트 1개 분량, 레몬즙 1큰술, 고운 소금 3~4꼬집의 비율로 섞어 만든 버터입니다.

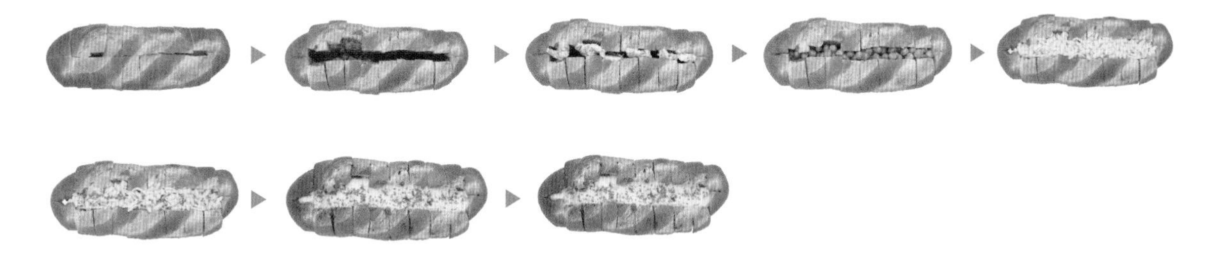

Teriyaki Chicken Sandwich

데리야키 치킨 샌드위치

달콤 짭조름한 데리야키소스에 졸인 닭다릿살을 듬뿍 넣고
채소와 치즈를 더해 만든 샌드위치예요.

INGREDIENTS

치아바타 데미 바게트(25cm) 1개
청상추 4장
토마토 1개
치즈 50g(또는 슬라이스치즈 3장)
양파 1/4개
닭다릿살 3개
통밀가루 3~4큰술
식용유 적당량

단촛물
식초 1큰술, 설탕 1/2큰술
고운 소금 1/3작은술, 물 3큰술

데리야키소스
간장 2큰술, 맛술 2큰술, 대파 10cm
조청 1/2큰술, 물 2큰술

스리라차 스프레드(86쪽 참조)

HOW TO MAKE

1 닭다릿살은 고운 소금 2~3꼬집을 넣어 조물조물해서 밑간한 다음 통밀가루를 고르게 입힌 후 팡팡 털어 식용유를 두른 팬에 바삭하게 구워줍니다.
2 데리야키소스 재료를 넣어 바글바글 끓이다가 절반 정도로 줄면 1의 구운 닭을 넣어 간이 배도록 졸여줍니다.
3 빵은 반으로 가른 후 스리라차 스프레드를 빵 전체에 바릅니다.
4 청상추를 올리고 슬라이스한 토마토와 데리야키소스에 졸인 닭을 올려줍니다.
5 양파를 얇게 슬라이스해서 단촛물에 10분 담갔다가 면포로 짜서 4 위에 올려줍니다.
6 페퍼잭이나 체더 같은 치즈를 올려주고 덮어 완성합니다.

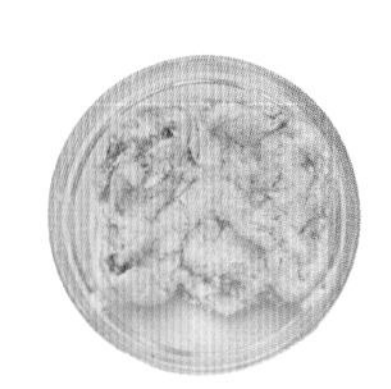

TOPPING

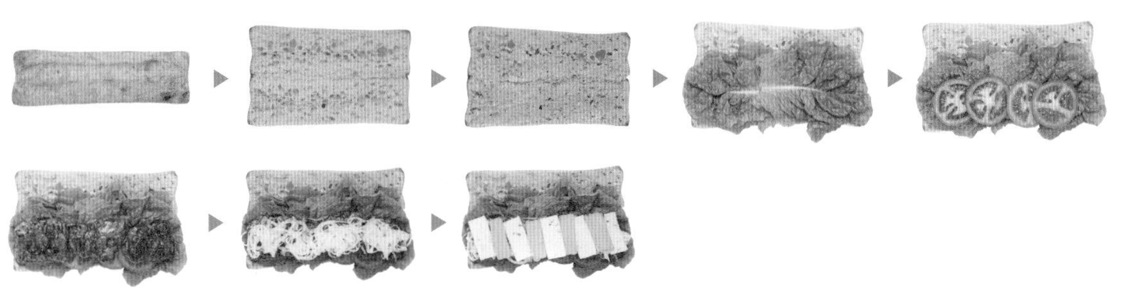

Cheesy Beef Sandwich

소보로 피자 샌드위치

다진 소고기볶음을 활용한 피자 샌드위치로 만들기도 쉽고 맛도 좋답니다.
별다른 재료 없이도 피자 맛을 느낄 수 있어요.

INGREDIENTS

바게트(20cm) 1개
소고기 소보로 2큰술
할라피뇨 1개
표고버섯 1개
송송 대파 2큰술
토마토소스 1큰술
피자치즈 70~80g

소고기 소보로
소고기 다짐육 250g, 배즙 1큰술
맛술 1큰술, 양조간장 1큰술
다진 대파 2큰술, 다진 마늘 1큰술
황설탕 1/2큰술, 후추 1/3작은술

바질마요 스프레드(87쪽 참조)

HOW TO MAKE

1. 소고기 다짐육에 소고기 소보로 재료를 넣고 조물조물하여 밑간한 후 팬에 고슬고슬하게 볶아줍니다.
2. 바게트는 떼어 먹기 좋게 칼집을 넣어준 후 바질마요 스프레드를 고르게 발라줍니다.
3. 2의 안에 소고기 소보로를 2큰술 채우고 슬라이스한 표고버섯, 송송 썬 대파와 할라피뇨를 올려줍니다.
4. 피자치즈를 절반 채운 후 토마토소스 1큰술을 올려줍니다.
5. 절반 남은 피자치즈를 올려줍니다.
6. 180℃ 오븐이나 에어프라이어에서 7~8분간 구워줍니다.

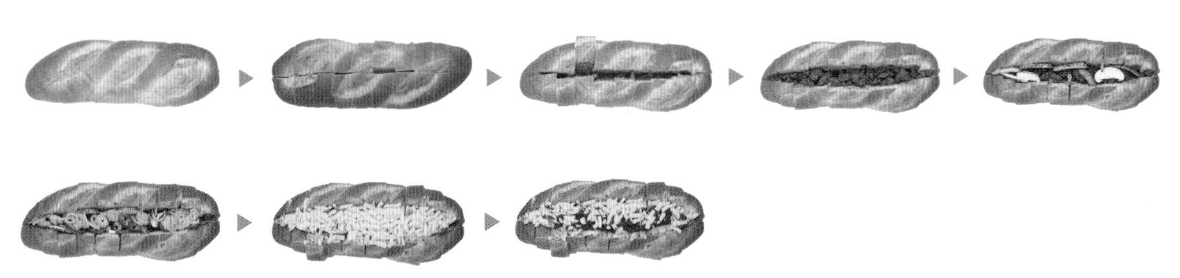

크림치즈 루콜라 샌드위치

고소하고 달콤한 크림치즈와 쌉싸름한 루콜라의 맛이
조화로운 샌드위치예요.

INGREDIENTS

치아바타 1개
루콜라 20g
샌드위치햄 5~6장
토마토 슬라이스 5~6개

쪽파크림 스프레드(87쪽 참조)

HOW TO MAKE

1 반으로 갈라 토스터에 구운 치아바타에 쪽파크림 스프레드를 펴 바릅니다.
2 슬라이스한 토마토와 샌드위치햄을 접어서 올려줍니다.
3 루콜라를 씻어서 물기를 제거해 올려주고 윗면에 남은 빵을 올려 완성합니다.

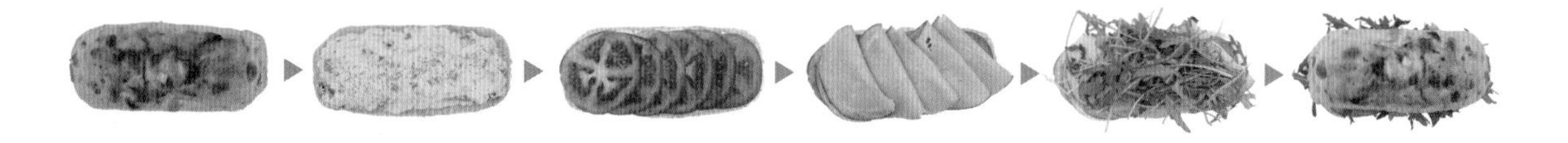

파스트라미 샌드위치

Pastrami Sandwich

훈연한 소고기의 육향과 향신료의 향을 느낄 수 있는
파스트라미를 넣고 아삭한 오이로 아삭함을 채워준 샌드위치로
고급스러운 맛이 일품입니다.

INGREDIENTS

치아바타 1개
양배추 100g
에멘탈슬라이스치즈 2장
파스트라미 6장
오이 길게 슬라이스 6장
피클 약간

양배추 단촛물
설탕 1큰술, 식초 2큰술, 소금 1/3작은술

그릭마요 스프레드(87쪽 참조)

HOW TO MAKE

1 양배추는 가늘게 채 썰어 단촛물에 10분 담가놓습니다.
2 치아바타는 반으로 가른 후 전체에 그릭마요 스프레드를 고르게 펴 바릅니다.
3 한쪽에 단촛물에 절였던 양배추를 꽉 짜서 물기 없이 올려줍니다.
4 에멘탈치즈와 피클을 올려줍니다.
5 오이와 파스트라미를 교대로 교차하여 올려주고 먹기 좋게 잘라줍니다.

TOPPING

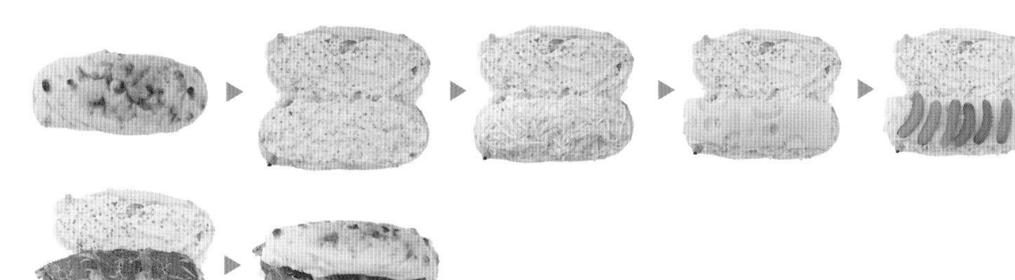

시금치 에그롤 샌드위치

달걀 지단에 시금치를 넣어 부쳐서 치즈, 버섯 등을 넣고 또띠아로 말아주면
맛도 좋고 든든하기까지 합니다.

INGREDIENTS

또띠아(20cm) 1장
달걀 2개
고운 소금 2꼬집
후추 약간
시금치 1뿌리
양송이버섯 1~2개
체더슬라이스치즈 1장
토마토소스 1~2큰술
식용유 약간

HOW TO MAKE

1 소금, 후추를 넣어 풀어놓은 달걀물에 송송 썬 시금치를 넣어줍니다..
2 식용유를 약간 두르고 달군 팬에 1의 달걀물을 넣어 넓게 편 후 슬라이스한 양송이버섯을 올려 지단을 부쳐줍니다. 약불로 줄인 후 뒤집어 반대 면도 익혀줍니다.
3 실온 상태의 또띠아에 토마토소스를 발라 2의 지단 위에 올려줍니다.
4 뒤집어 또띠아가 바닥에 가도록 놓고 체더치즈를 올려주고 불을 끕니다.
5 그대로 도마 위에 올려 돌돌 말아 한 김 식힌 후 먹기 좋게 잘라줍니다.

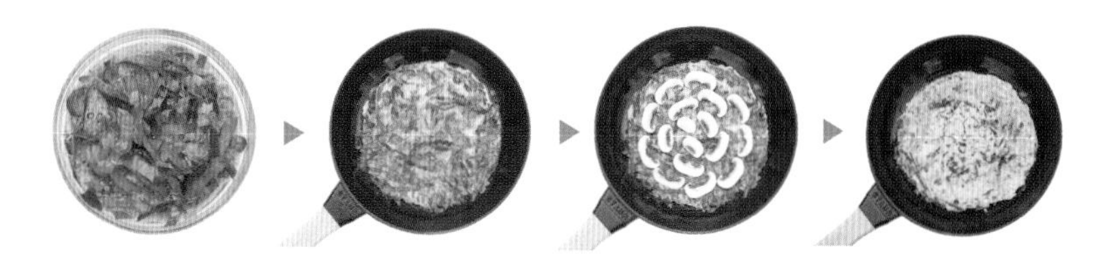

TIP

또띠아는 오래 구우면 딱딱해지니 부드러운 정도로만 구워줍니다.

TOPPING

허니머스터드 에그 베이컨 샌드위치

가장 기본적인 샌드위치 중 하나예요.
샌드위치에 쓰인 허니머스터드 스프레드는 다른 요리에도 활용할 수 있어요.

INGREDIENTS

식빵 2장
베이컨 3줄
달걀 1개
체더슬라이스치즈 2장
청상추 8장
케첩 약간

허니머스터드 스프레드 I (86쪽 참조)

HOW TO MAKE

1 식빵은 토스터에 노릇하게 구워서 한 김 식혀줍니다.
2 베이컨은 팬에 노릇하게 구워 후추를 약간 뿌려 준비해주세요.
3 식용유를 두른 팬에 달걀프라이를 하고 고운 소금을 1~2꼬집 뿌려줍니다.
4 구운 식빵 1장에 허니머스터드 스프레드 I 의 절반을 고르게 바르고 청상추, 베이컨을 올리고 케첩을 지그재그로 뿌려줍니다.
5 달걀프라이와 체더치즈를 올려줍니다.
6 나머지 식빵에 남은 허니머스터드 스프레드를 바른 후 5 위에 덮어 완성합니다.

TIP

샌드위치를 만들 땐 모든 재료의 물기를 완전히 제거한 후 넣어주세요.

Ciabatta Ham Sandwich

햄 치아바타 샌드위치

도톰한 등심햄과 체더치즈로 만든 풍미 좋은 샌드위치입니다.
등심햄은 담백한 맛이 좋으니 샌드위치에 많이 활용해보세요.

INGREDIENTS

치아바타 1개
청상추 7~8장
샌드위치햄 3장
체더슬라이스치즈 2장
토마토 슬라이스 3개
바질페스토 1~2큰술

허니머스터드 스프레드 II(86쪽 참조)

HOW TO MAKE

1 치아바타는 가로로 2등분하고 한쪽에는 바질페스토를, 다른 한쪽에는 허니머스터드 스프레드 II를 발라줍니다.
2 씻어서 물기를 완전히 털어준 청상추를 빵 모양 맞춰 접어 올려줍니다.
3 슬라이스한 토마토, 샌드위치햄, 체더치즈를 올려준 후 남은 치아바타로 덮어줍니다.

TIP

햄은 얇은 슬라이스햄보다는 덩어리햄을 구입하여 두껍게 썰어 넣어주는 게 식감과 풍미가 더 좋습니다.

새우 아보카도 샌드위치

구운 새우, 으깬 아보카도, 스크램블한 달걀의 조합은 맛뿐 아니라 비주얼도 근사합니다.
발효빵 위에 올려서 채소와 과일을 곁들여 브런치로 즐겨보세요.

INGREDIENTS

발효빵 1조각
중사이즈 새우 4마리
버터 20g
후추 약간
파슬리가루 약간

달걀물
달걀 2개
소금 1/3작은술
설탕 1/3작은술

아보마요 스프레드(87쪽 참조)

HOW TO MAKE

1 새우는 꼬리와 한마디만 남기고 껍데기를 벗겨 손질한 후 후추를 뿌려 버터 10g을 두른 팬에 올려 노릇하게 구워줍니다.
2 달걀은 고운 소금, 설탕을 넣어 잘 풀어줍니다. 버터 10g을 둘러 달군 팬에 달걀물을 넣고 젓가락으로 저어가며 스크램블을 만들어줍니다.
3 발효빵은 토스터에 넣어 구워줍니다.
4 구운 빵 위에 아보카도 스프레드를 올려 펴 바릅니다.
5 달걀스크램블과 구운 새우를 차례로 올려주고 파슬리가루를 뿌려 완성합니다.

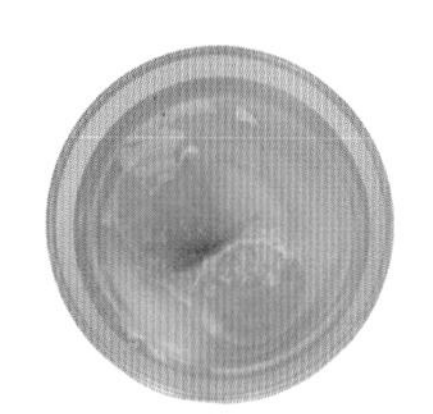

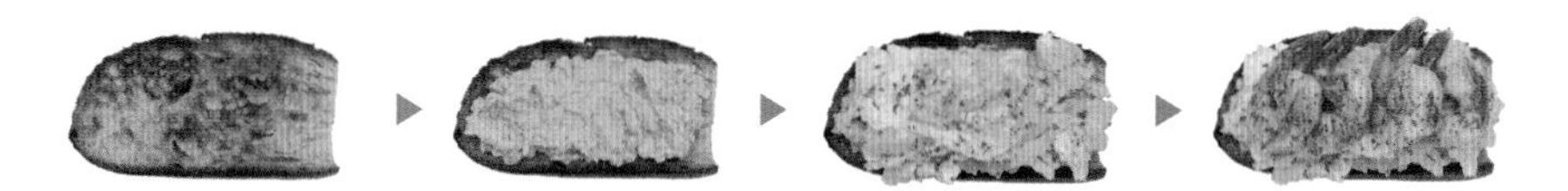

Salmon Bagel Sandwich with Garlic Butter

갈릭버터 연어 베이글 샌드위치

베이글을 마늘빵 소스로 구워서 연어, 아보카도를 넣어 만든 베이글 샌드위치입니다.
구운 마늘향이 연어와 잘 어울립니다.

INGREDIENTS

베이글 2개
청상추(또는 로메인) 6장
아보카도 1개
양파 슬라이스 1/4개
체더슬라이스치즈 2장
그라브릭스 연어 슬라이스 6줄

마늘 스프레드(86쪽 참조)
양파마요 스프레드 I(86쪽 참조)

HOW TO MAKE

1 반으로 가른 베이글 자른 면에 마늘 스프레드를 나눠서 바르고 오븐이나 에어프라이어에서 180℃로 7~8분 구워 베이글마늘빵을 만들어줍니다.
2 청상추를 3장씩 크기에 맞춰 접어 올리고, 아보카도는 슬라이스하여 1/2개씩 올려줍니다.
3 그라브릭스 연어 슬라이스를 3줄씩 접어 올려주고 양파마요 스프레드 I을 나눠 올려줍니다.
4 얇게 채썰어 물에 5분 담갔다가 꽉 짜준 양파를 각각 올리고, 체더치즈를 1장씩 올려줍니다.
5 남은 베이글 반쪽을 각각 덮어 완성합니다.

TIP

- 아보카도는 짙은 자주색이 나면 후숙이 잘된 거예요. 반으로 가른 후 씨를 제거하고 슬아이스해서 사용합니다.
- 그라브릭스 연어는 소금, 설탕, 허브, 향신료에 절여 만든 것입니다.

TOPPING

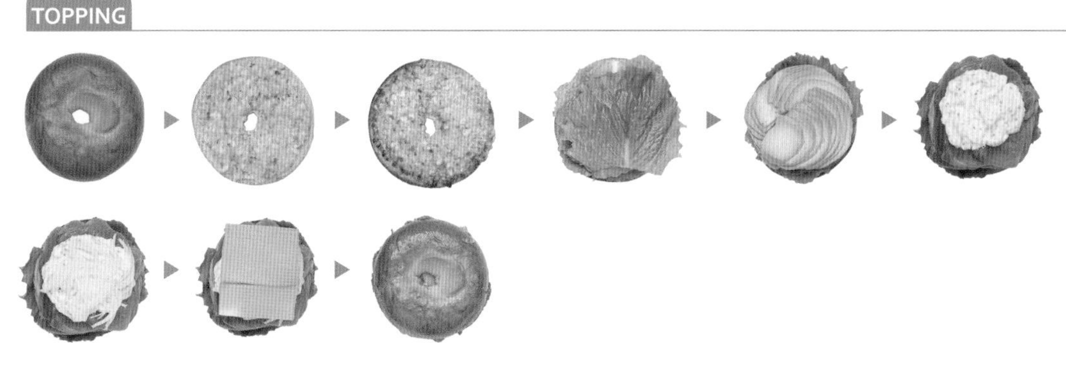

리얼 크랩 샌드위치

크래미가 아닌 리얼 대게살로 만들어 고소함이 배가되었어요.
푸짐하게 속을 채워 포장해주면 도시락 메뉴로 아주 좋아요.

INGREDIENTS

치아바타 1개, 게살 120g, 양상추 3잎, 오이 30g
마요네즈 2큰술, 요거트 1큰술, 고추냉이 1/2작은술
꿀 1큰술, 파슬리가루 1작은술, 후추 약간

쪽파크림 스프레드(86쪽 참조)

TIP

랩으로 힘주어 말아 모양을 잡아주면 먹기 더 편합니다.

HOW TO MAKE

1 치아바타는 반으로 가른 후 토스터에 구워 한 김 식혀주세요.
  양상추는 세척 후 물기를 제거해줍니다.
2 오이는 씨를 제외하고 채 썰어 식초 1큰술, 설탕 1/2큰술, 고운 소금 1/3작은술에 10분 버무려놓았다가 물기를 짜서 제거해줍니다.
3 볼에 물기 짠 게살과 3의 오이를 넣고 마요네즈, 요거트, 고추냉이, 꿀, 파슬리가루를 넣어 버무려줍니다.
4 1의 치아바타에 쪽파크림 스프레드를 바르고 양상추를 깐 후 3의 양념게살을 올리고 후추를 약간 뿌려주세요.
5 남은 치아바타로 덮어 완성합니다.

TOPPING

토마토 루콜라 브루스케타

토마토가 맛있는 계절에는 꼭 만들게 되는 오픈 샌드위치예요.
집어 먹기도 편하고 크림치즈의 고소함 덕분에 토마토가 더 맛있어져요.

INGREDIENTS

빵(바게트, 호기브레드) 1개
토마토 1개
루콜라 약간
바질페스토 적당량
그라나파다노 치즈 약간
파슬리가루 약간

꿀크림치즈 스프레드(86쪽 참조)

HOW TO MAKE

1 바게트나 호기브레드를 동그랗게 1cm 정도 두께로 잘라준 후 팬이나 토스터에 구워줍니다.
2 토마토는 웨지 모양으로 잘라줍니다.
3 1의 구운 빵 조각 위에 꿀크림치즈 스프레드를 바르고 바질페스토를 적당량 올려줍니다.
4 루콜라는 적당량 올린 후 웨지 모양의 토마토를 올려줍니다.
5 그라나파다노치즈를 갈아서 올리고 파슬리가루를 솔솔 뿌려 완성합니다.

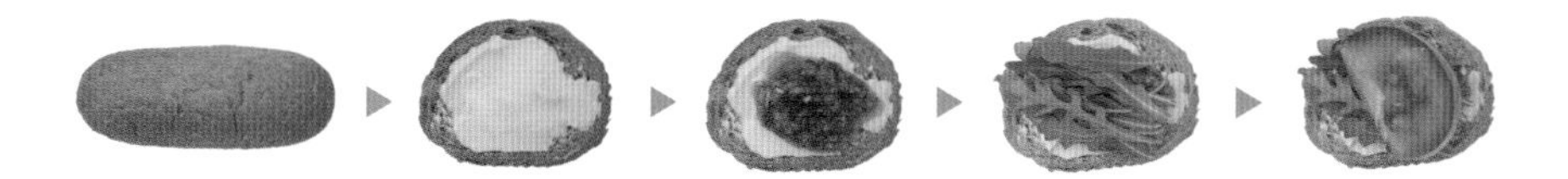

Chicken Pita Sandwich

치킨 피타 샌드위치

주머니 모양의 피타브레드에
속을 채워 만드는 샌드위치예요.

INGREDIENTS

피타브레드 1장(2개)
허브솔트 넉넉히 뿌린 닭가슴살 1개
토마토 슬라이스 2개
청상추 4장
루콜라 약간
콜비잭슬라이스치즈 2장
슬라이스 피클 약간
리코타치즈 100~120g

양파마요 스프레드 II (86쪽 참조)

HOW TO MAKE

1 허브솔트를 앞뒤로 넉넉히 뿌린 닭가슴살을 마른 팬에 노릇하게 구워준 후 잘게 찢어줍니다.
2 피타브레드는 팬에 말랑하게 구워 반으로 나누고 안쪽에 양파마요 스프레드를 발라줍니다.
3 청상추와 루콜라를 세척하여 물기를 제거한 후 2에 넣어줍니다.
4 토마토, 콜비잭치즈, 닭가슴살, 피클 순으로 넣어줍니다.
5 빈 공간에 리코타치즈를 넣어주면 완성입니다.

TOPPING

구운 가지 버섯 샌드위치

가지와 버섯을 구워서 샌드위치를 만들었더니 쫄깃하면서 부드러운 맛이 좋았습니다.
재료를 더해 푸짐하게 만들어주면 영양 가득 건강한 샌드위치가 되어요.

INGREDIENTS

치아바타 1개
에멘탈슬라이스치즈 2장
가지 1/2개
느타리버섯 50g
토마토 1/2개

연유마요 스프레드(87쪽 참조)

HOW TO MAKE

1 치아바타를 반으로 가르고 연유마요 스프레드를 고르게 발라줍니다.
2 구운 가지와 구운 버섯, 토마토 슬라이스, 에멘탈치즈를 접어 올린 후 남은 빵으로 덮어 줍니다.
3 180℃ 오븐에서 5~6분 구워줍니다.

TIP

편으로 썰어준 가지와 버섯은 아무것도 넣지 않은 마른 팬에 노릇하게 구워줍니다.

TOPPING

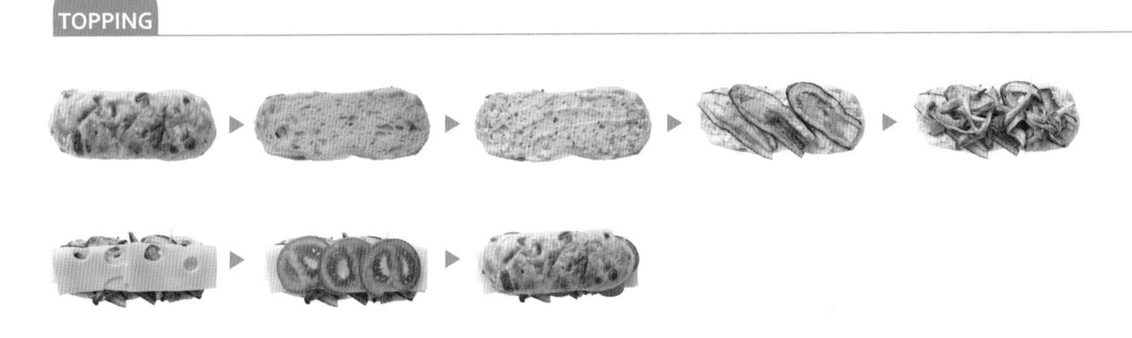

연어 바질페스토 샌드위치

토마토, 바질, 생모차렐라 치즈를 사용하는 카프레제 레시피를 활용하여 만들어보았습니다.
연어까지 넣어주니 더 맛있는 샌드위치가 되었습니다.

INGREDIENTS

모닝빵 3개
훈제연어 3줄
바질페스토 적당량
생모차렐라치즈 슬라이스 3개
오이 슬라이스 9개
토마토 슬라이스 3개
바질잎 약간
루콜라 약간
발사믹글레이즈 약간

피클마요 스프레드(86쪽 참조)

HOW TO MAKE

1. 반으로 가른 말랑한 모닝빵에 바질페스토를 적당량 바르고 그 위에 루콜라와 바질잎을 올려줍니다.
2. 토마토, 생모차렐라치즈를 올리고 발사믹글레이즈를 지그재그로 뿌려줍니다.
3. 오이를 올리고 훈제연어도 올려줍니다.
4. 한쪽 빵에 피클마요 스프레드를 바르고 덮어줍니다.

TIP

- 훈제연어의 기름기는 키친타월로 닦아 사용합니다.
- 오이, 생모차렐라치즈, 토마토도 물기를 닦아 사용하면 좋습니다.

TOPPING

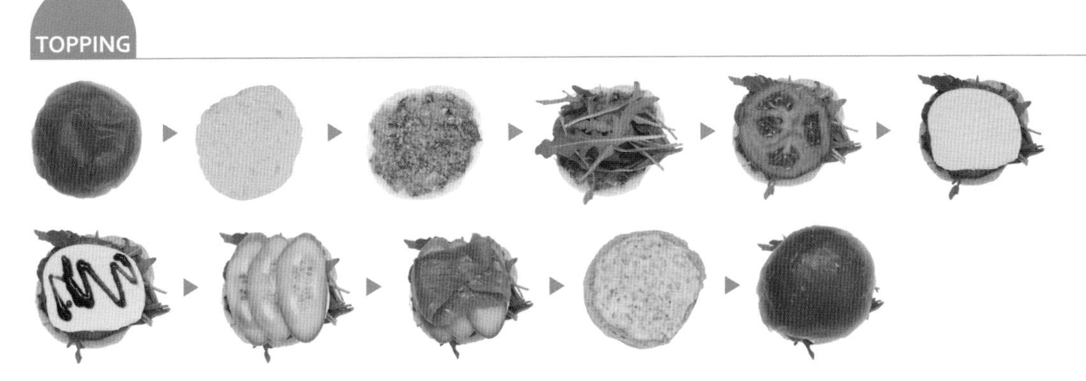

BBQ 햄버거 샌드위치

바비큐소스를 넣어 햄버거 패티를 만드니 풍미가 더 좋아요.
감자튀김, 샐러드를 곁들이면 햄버거 맛집 메뉴가 되지요.

INGREDIENTS

햄버거빵 1개
로메인 3장
햄버거 패티 1개
체더슬라이스치즈 1장
에멘탈슬라이스치즈 1장
토마토 슬라이스 1개
양파 슬라이스 1개
피클 약간

햄버거 패티(4개 분량)
돼지고기 다짐육 400g, 생강술 1큰술
다진 마늘 1큰술, 다진 양파 2/3컵
다진 대파 1/3컵, 빵가루 1/2컵
우스터스소스 1큰술, 비비큐소스 2큰술
핫소스 1작은술, 고운 소금 1/4작은술
후추 1/3작은술, 파슬리가루 1작은술
오레가노가루 1/2작은술
〈다진 양파와 대파 볶음용〉
식용유 1큰술, 버터 10g

허니머스터드 스프레드 I(86쪽 참조)
청양마요 스프레드(87쪽 참조)

HOW TO MAKE

1 햄버거 패티 재료를 모두 넣어 치대어 반죽해서 패티를 만들어줍니다. 이때 다진 양파 2/3컵, 다진 대파 1/3컵 분량은 식용유 1큰술과 버터 10g을 넣어 중약불로 충분히 옅은 갈색이 돌게 볶은 후 식혀 넣어줍니다. 패티 모양을 빚어서 구워줍니다.
2 햄버거빵은 팬에 노릇하게 구워주세요.
3 햄버거빵 한쪽에는 허니머스터드 스프레드 I을 바르고 그 위에 로메인, 에멘탈치즈를 올려줍니다.
4 마른 팬에 노릇하게 구운 양파를 3의 위에 올리고 피클, 구운 햄버거 패티, 체더치즈, 토마토를 올려줍니다.
5 청양마요 스프레드를 바른 빵으로 덮어줍니다.

TIP

- 돼지고기 다짐육은 키친타월로 꾹꾹 눌러 핏물을 닦아주고 사용합니다.
- 분량의 패티 반죽은 4개 정도로 분할하여 모양을 만든 후 팬에 버터와 식용유를 두르고 중약불로 뒤집어주며 구워서 사용해요.

TOPPING

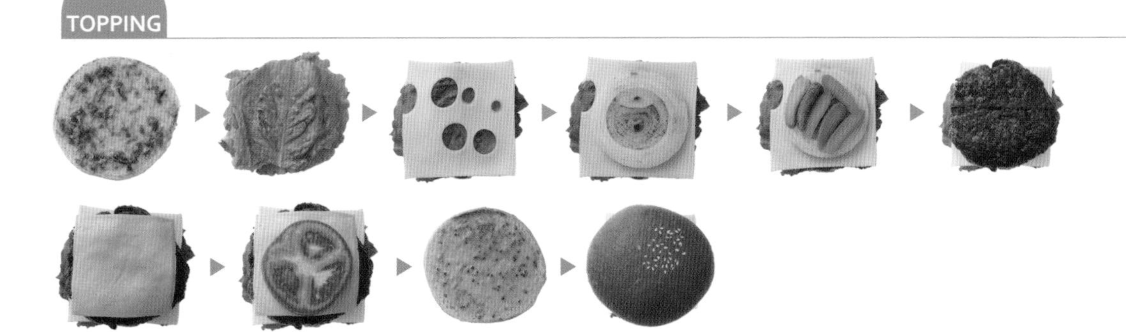

하바티 샌드위치

구운 가지와 버터, 하바티치즈로 만드는 따뜻한 샌드위치예요.
식사로도 좋지만 와인 안주로도 잘 어울립니다.

INGREDIENTS

바게트 4조각
구운 가지 1개
하바티치즈 적당량
버터 적당량

HOW TO MAKE

1 토스터에 구운 바게트 조각 위에 버터를 고르게 바릅니다.
2 아무것도 두르지 않은 마른 팬에 도톰하게 슬라이스한 가지를 구워서 1 위에 올려줍니다.
3 하바티치즈를 넉넉하게 잘라 올려줍니다.
4 180℃ 오븐이나 에어프라이어에서 5~6분 치즈가 녹을 정도로만 구워줍니다.

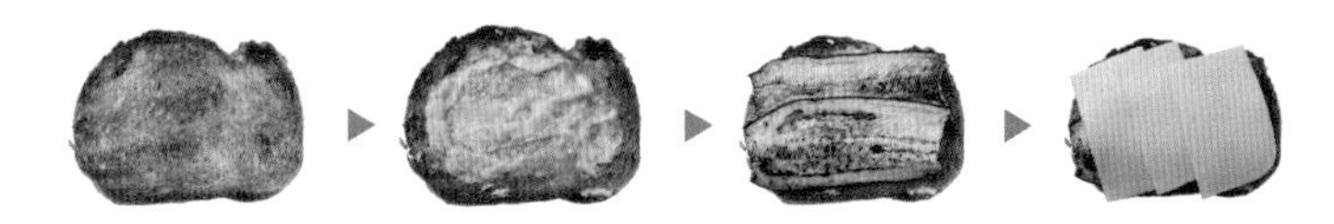

크래미 에그 터널 샌드위치

바게트 빵 속에 에그 샐러드를 채워서 만드는 샌드위치예요.
빵 사이에 고소한 에그 샐러드를 듬뿍 채워 푸짐하게 만들어보세요.

INGREDIENTS

반미바게트 1개, 오이 약간, 크래미 2줄

에그마요
삶은 달걀 2개, 마요네즈 1.5큰술
홀그레인머스터드 1/2작은술, 고운 소금 1/5작은술
파슬리가루 약간, 후추 약간

TIP

단맛을 좋아하면 설탕 1작은술을 추가해도 좋습니다.

HOW TO MAKE

1 냄비에 천일염과 물을 담아 끓여주다가 거품이 뽀글뽀글 올라오면 달걀을 넣어 12분 삶아 재빠르게 찬물에 헹궈서 준비합니다.
2 완숙 달걀을 볼에 담아 포크나 매셔를 활용하여 잘게 으깨어주고 마요네즈와 홀그레인머스터드, 고운 소금, 파슬리가루, 후추를 넣어 에그마요를 만들어줍니다.
3 오이는 필러를 사용하여 길게 3~4줄 슬라이스해주고 크래미는 펼쳐놓습니다.
4 바게트는 밑면을 남기고 길게 칼집을 넣어 속살을 절반 정도 파내고 안쪽에 오이와 크래미를 펼쳐 넣어줍니다.
5 2의 에그마요를 채워줍니다.

TOPPING

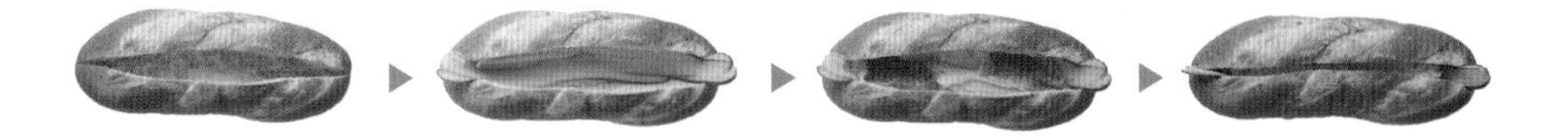

스테이크 샌드위치

부드럽고 맛있게 구운 스테이크를 올린 럭셔리 샌드위치입니다.
치즈와 허브, 양파볶음의 조합은 정말 환상적이에요.

INGREDIENTS

치아바타 1개
소고기 안심 150g
허브솔트 적당량
버터 10g
하바타치즈 2장(30g)
다진 이태리 파슬리 20g
바질페스토 1큰술

양파볶음
양파 1/2개, 올리브오일 1큰술
발사믹 식초 1큰술

허니머스터드 스프레드 I (86쪽 참조)

HOW TO MAKE

1 소고기 안심은 허브솔트를 앞뒤로 고르게 뿌려준 후 버터를 넣어 구워줍니다. 달군 팬에 올려 강불에서 1분 30초씩 앞뒤로 구운 후 유산지로 감싸 5분 정도 둔 후 먹기 좋게 슬라이스로 썰어줍니다.
2 구운 치아바타에 바질페스토를 고르게 바른 후 양파볶음을 올려줍니다. 양파볶음은 채 썬 양파를 올리브오일에 볶다가 투명해지면 발사믹 식초를 넣고 졸여 볶아주면 됩니다.
3 하바티치즈로 양파볶음을 덮어주고 전자레인지에 넣어 30~50초 돌려 치즈를 녹여줍니다.
4 다진 이태리 파슬리를 절반 올리고 스테이크를 올려준 후 남은 이태리 파슬리를 올려줍니다.
5 허니머스터드 스프레드 I을 바른 빵으로 덮어 완성합니다.

치킨 커리 샌드위치

부드럽고 쫄깃하게 삶은 닭다릿살에 카레로 양념하여 만들었어요.
쫄깃한 식감은 물론 은은한 카레 풍미에 반하게 될 거예요.

INGREDIENTS

치아바타 2개
닭다릿살 4개
토마토 슬라이스 6개
로메인 6장

닭다릿살 밑간 양념
카레가루 3큰술, 설탕 2큰술, 꿀 1큰술
파슬리가루 1작은술

스프레드 1
크림치즈 1큰술, 바질페스토 1큰술

스프레드 2
마요네즈 1큰술
홀그레인머스터드 1작은술

HOW TO MAKE

1 닭다릿살은 잠길 정도의 물에 월계수잎 1장을 넣어 삶아줍니다. 삶은 후 잘게 찢어 닭다릿살 밑간 양념을 넣어 버무려줍니다.
2 반으로 가른 빵은 토스터에 노릇하게 구워주고 빵 한쪽에 스프레드 1을 바르고 씻어 물기를 제거한 로메인 3장을 깔아줍니다.
3 슬라이스한 토마토를 올려주고 그 위에 1의 커리에 양념한 치킨 절반을 올려줍니다.
4 스프레드 2를 바른 빵으로 덮어줍니다.

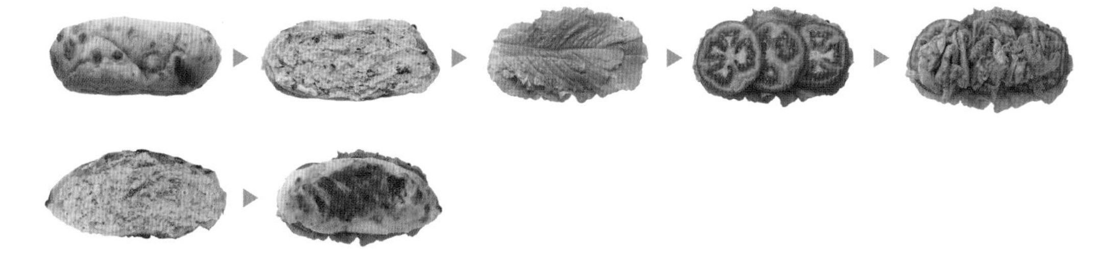

Spicy Shrimp Sandwich

칠리새우 샌드위치

향신소스로 밑간한 새우를 버터로 볶은 후 치즈 이불을 덮어주고
아삭한 양상추도 더해주었으니 맛없으면 반칙이죠. 새우는 사랑이에요.

INGREDIENTS

바게트(20cm) 1개
새우 300g
고다슬라이스치즈 2장
양상추 3잎
버터 10g

새우 밑간
파프리카가루 1작은술
커리파우더 1작은술, 핫소스 1작은술
후추 1/2작은술, 고수가루 1/3작은술
고운 소금 1/3작은술, 토마토소스 1큰술

아보마요 스프레드(87쪽 참조)

HOW TO MAKE

1 새우는 껍데기를 모두 벗기고 분량의 양념으로 밑간을 해준 후 버터와 함께 팬에 볶아줍니다.
2 바게트는 길게 반으로 칼집을 넣어주고 아보카도 스프레드를 고르게 발라줍니다.
3 볶은 새우를 바게트에 채우고 고다치즈를 덮어 180℃ 오븐이나 에어프라이어에서 5~6분 치즈가 녹을 정도로만 구워줍니다.
4 씻어서 물기를 제거한 양상추를 접어 3 위에 올려줍니다.

TOPPING

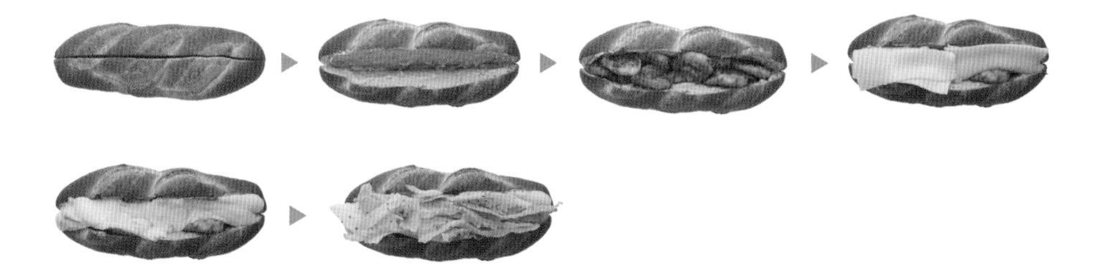

풀드포크 샌드위치

밑간한 돼지고기를 저온에서 장시간 구워 만든 풀드포크는 포크로 당기기만 해도 쭉쭉 찢어집니다.
시간이 걸리지만 그만큼의 보답을 하는 맛입니다.

INGREDIENTS

먹물 햄버거번 5~6개
청상추 3장

풀드포크
돼지고기 목살(덩어리) 600g, 꿀 2큰술
바비큐소스 2큰술, 양파 1개
올리브오일 2큰술, 바비큐소스 적당량

양배추절임
양배추 600g, 소금 12g

바질마요 스프레드(87쪽 참조)

HOW TO MAKE

1 마른 팬에 구워준 햄버거번에 바질마요 스프레드를 바르고 그 위에 씻어서 물기를 제거한 청상추 3장을 올리고 양배추절임과 풀드포크를 취향껏 올려준 후 빵을 덮어주면 완성입니다.
2 양배추절임은 작게 썰어준 양배추 600g에 소금 12g을 넣어 주물러 으깨어서 수분이 나오게 한 후 용기에 담아 실온에서 2~3일 숙성 후 사용합니다. 보관은 숙성 후 냉장 보관해요.

풀드포크 만드는 방법

1 돼지고기 목살에 꿀과 바비큐소스를 고르게 바른 후 1~2시간 두었다가 올리브오일을 표면에 바릅니다.
2 오븐 용기에 채썬 양파를 깔아준 후 그 위에 시즈닝한 목살을 올려 오븐에 넣어 구워줍니다. 120℃에서 4시간 30분 구운 후 140℃로 30분 더 구워주면 완성입니다. 겉은 짙은 색으로 바삭하게, 속은 촉촉하게 만들어집니다.
3 고기를 잘게 찢어주고 함께 구운 양파도 탄 듯한 건 제외하고 고기 밑에 있던 양파 위주로 골라서 같이 버무려줍니다. 바비큐소스를 입맛에 맞게 추가해(대략 3~4큰술) 넣어 버무려줍니다.

TIP

- 바비큐소스는 잭다니엘 바비큐소스를 사용했습니다.
- 양배추절임과 풀드포크는 짜지 않아 원하는 만큼 듬뿍 올려주어도 됩니다.

TOPPING

PART 3

볼륨감이 남다르니
비주얼도 훌륭해

알콩 샌드위치

1
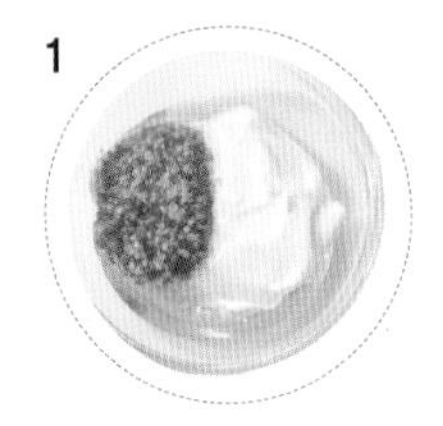
2
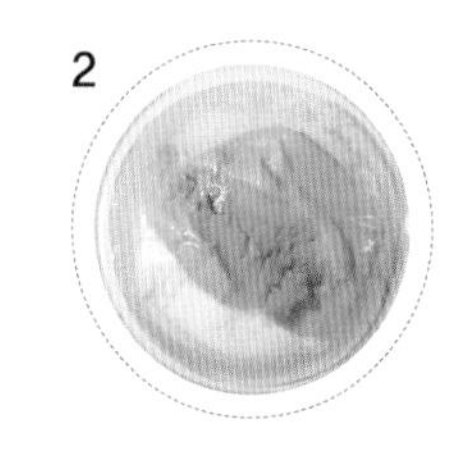
3
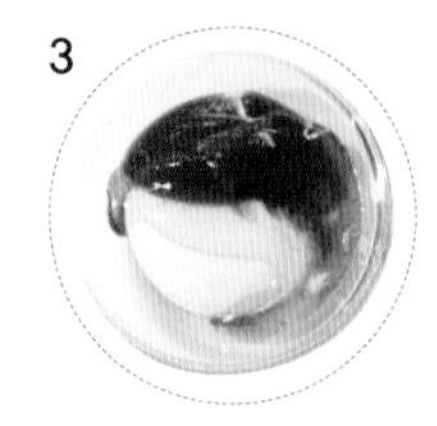
4
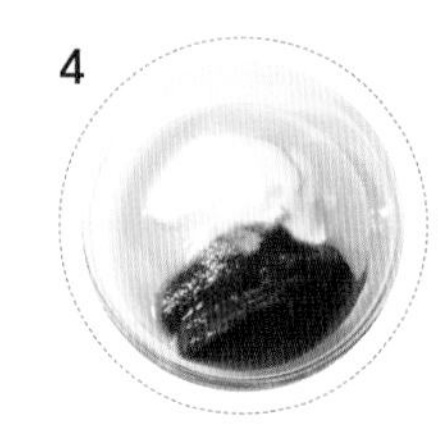
5
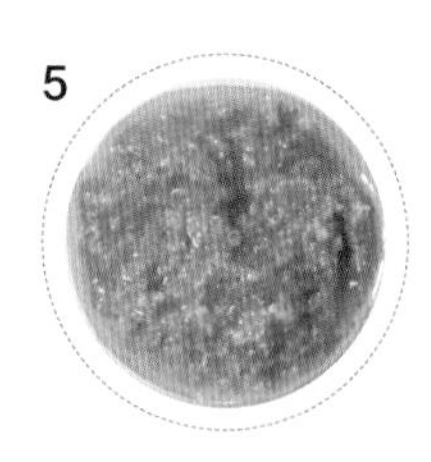
6
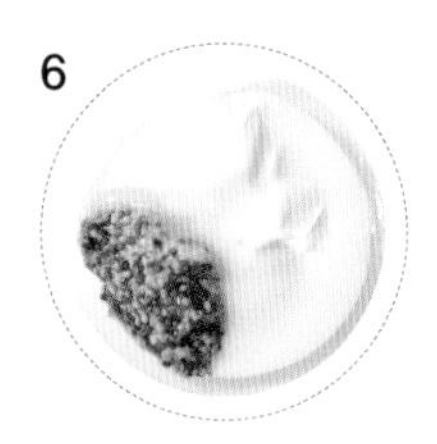
7
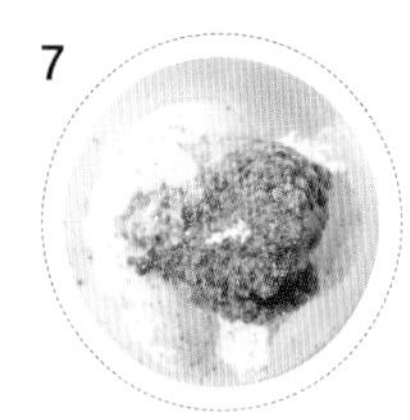
8
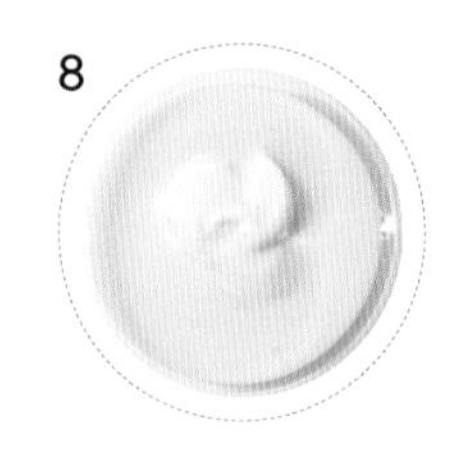

1. 홀그레인마요 스프레드

마요네즈 2큰술, 홀그레인머스터드 1큰술, 꿀 1작은술

<u>응용 메뉴</u> 데리야키 구운 두부 샌드위치, 닭강정 리코타 샌드위치, 뉴욕 핫도그, 매콤 치킨텐더 샌드위치

2. 허니머스터드 스프레드

마요네즈 2큰술, 옐로머스터드 2작은술, 꿀 2작은술
레몬즙 1/4작은술

<u>응용 메뉴</u> 감동란 매시드포테이토 샌드위치, 코울슬로 햄 치즈 샌드위치, 햄 치즈 꿀호떡 와플 샌드위치, 매콤 치킨텐더 샌드위치

3. 스리라차마요 스프레드 I

마요네즈 2큰술, 스리라차소스 1큰술, 꿀 1작은술

<u>응용 메뉴</u> 베이컨 스크램블에그 샌드위치, 데리야키 구운 두부 샌드위치, 매콤 치킨텐더 샌드위치

4. 스리라차마요 스프레드 II

마요네즈 2큰술, 스리라차소스 1큰술, 연유 1작은술
피시소스 1/2작은술

<u>응용 메뉴</u> 김치 불고기 반미 샌드위치

5. 바질페스토 스프레드

바질 40g, 잣 20g, 깐마늘(소) 2알, 파마산치즈가루 25g
올리브오일 55ml, 허브솔트 약간

<u>만드는 방법</u>

1. 잣은 팬에 잠시 볶아 완전히 식힙니다.
2. 바질은 잎만 따서 깨끗이 씻은 뒤 키친타월로 물기를 꼼꼼하게 제거해주세요.
3. 모든 재료를 넣고 핸드블랜더나 믹서기로 짧게 끊어가며 거칠게 갈아줍니다. 시판 제품을 이용해도 좋습니다.

<u>응용 메뉴</u> 리코타 토마토 베이글 샌드위치, 토마토 카프레제 샌드위치, 크로플 루콜라 잠봉 샌드위치, 버섯 불고기 치즈 샌드위치, 토마토 달걀볶음 샌드위치

6. 연유머스터드 스프레드

마요네즈 2큰술, 홀그레인머스터드 1큰술, 연유 2작은술

<u>응용 메뉴</u> 리코타 토마토 베이글 샌드위치, 해시포테이토 베이컨 샌드위치

7. 크림치즈랜치 스프레드

크림치즈 2큰술, 그릭요거트 1큰술, 홀그레인머스터드 1큰술
꿀 1큰술, 레몬즙 1/2작은술, 후추 약간

<u>응용 메뉴</u> 훈제연어 크림치즈 샌드위치

8. 연유마요 스프레드

마요네즈 1.5큰술, 연유 1.5큰술

<u>응용 메뉴</u> 베이컨 스크램블에그 샌드위치

* 1T(큰술) = 15ml / 1t(작은술) = 5ml
* 빵은 굽지 않고 부드럽게 혹은 팬이나 토스터에 구워 바삭하게 원하는 식감으로 선택합니다.
  빵을 구워 만드는 경우 구운 빵을 충분히 식혀준 뒤 스프레드와 재료를 올려주어야 맛과 모양의 변형이 없습니다.

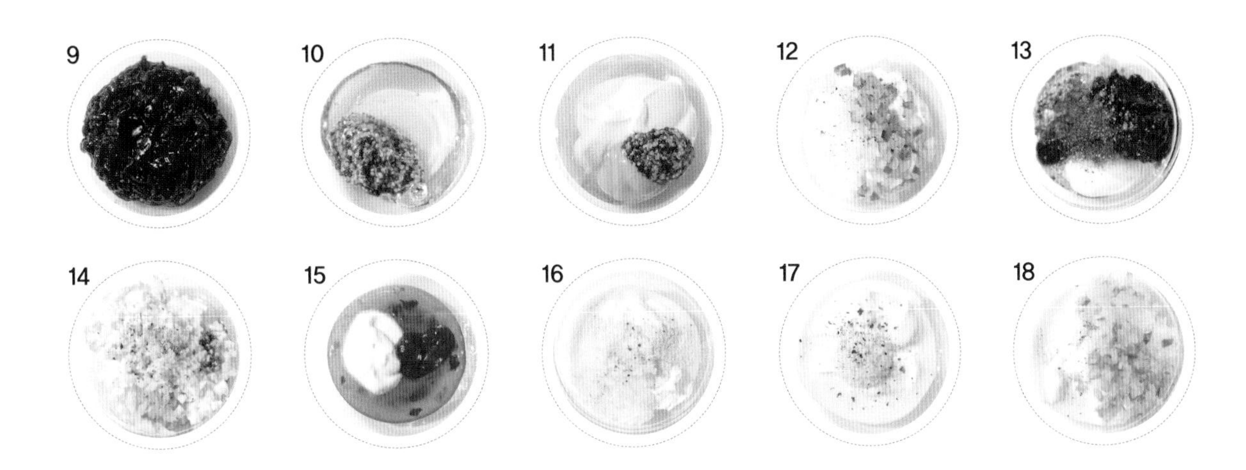

9. 양파처트니 스프레드

양파 200g, 올리브오일 1큰술, 버터 1/2큰술, 흑설탕 2큰술
발사믹식초 2큰술, 허브솔트 약간, 레몬즙 1/2작은술

만드는 방법

1. 양파는 가늘게 채 썬 뒤 올리브오일, 버터와 함께 갈색으로 변할 때까지 충분히 볶아줍니다.
2. 1에 흑설탕과 발사믹식초, 허브솔트를 더해 촉촉하게 볶은 뒤 레몬즙을 더해 완성합니다.

응용 메뉴 구운 가지 베이컨 샌드위치

10. 씨겨자허니 스프레드

홀그레인머스터드 1/2큰술, 꿀 1큰술

응용 메뉴 크로플 루콜라 잠봉 샌드위치

11. 허니씨겨자머스터드 스프레드

마요네즈 2큰술, 옐로머스터드 1작은술
홀그레인머스터드 1작은술, 꿀 2작은술

응용 메뉴 캐러멜라이징 양파 닭가슴살 샌드위치

12. 요거트마요 스프레드

마요네즈 1.5큰술, 플레인요거트 1/2큰술, 다진 오이피클 1작은술
다진 양파 1작은술, 꿀 1/4작은술, 허브솔트 약간

응용 메뉴 불닭 치즈 또띠아 샌드위치

13. 치폴레마요 스프레드

마요네즈 2큰술, 홀그레인머스터드 1/2큰술, 케첩 1작은술
다진 치폴레고추 2큰술, 다진 오이피클 2/3큰술
훈제파프리카가루 1/3작은술, 후추 약간

응용 메뉴 새우튀김 치폴레 샌드위치

14. 타르타르 스프레드

마요네즈 2큰술, 홀그레인머스터드 1/4큰술, 삶은 달걀 1/2개
다진 오이피클 3/4큰술, 다진 양파 1큰술, 꿀 1/2큰술
피클물 1/3작은술, 레몬즙 1/3작은술, 후추 약간

응용 메뉴 새우튀김 치폴레 샌드위치

15. 스위트칠리마요 스프레드

스위트칠리소스 1.5큰술, 마요네즈 1/2큰술
스리라차소스 1/3작은술

응용 메뉴 해시포테이토 베이컨 샌드위치

16. 크림치즈어니언 스프레드

크림치즈 1큰술, 마요네즈 1큰술, 플레인요거트 1큰술
연유 1작은술, 다진 양파 1큰술, 어니언파우더 1/2작은술
레몬즙 1/2작은술, 허브솔트 약간

응용 메뉴 버섯 불고기 치즈 샌드위치

17. 마늘마요 스프레드

마요네즈 2큰술, 다진 마늘 1작은술, 연유 1작은술
레몬즙 1/2작은술, 후추 약간

응용 메뉴 김치 불고기 반미 샌드위치

18. 양파연유마요 스프레드

마요네즈 2큰술, 연유 1작은술, 다진 양파 2/3큰술
다진 오이피클 1큰술, 허브솔트 약간

응용 메뉴 토마토 달걀볶음 샌드위치

베이컨 스크램블에그 샌드위치

부드러운 스크램블에그에 바삭하게 구운 베이컨과 고소한 치즈를 곁들였어요.
맛도 좋고 비주얼도 좋아 브런치 메뉴로 추천하는 샌드위치입니다.

INGREDIENTS

미니크루아상(13cm) 2개
베이컨 2줄
체더슬라이스치즈 1장
파슬리가루 약간
연유 약간

스크램블에그
달걀 2개
우유 2큰술
설탕 1/2작은술
소금 약간
버터 1/2큰술

연유마요 스프레드(142쪽 참조) 2큰술
스리라차마요 스프레드 I (142쪽 참조) 1큰술

HOW TO MAKE

1 크루아상은 가로로 깊게 칼집을 넣은 뒤 170~180℃ 오븐이나 에어프라이어에 2분 정도 구워 식혀줍니다.
2 베이컨은 노릇하게 구워 키친타월로 기름기를 제거해주세요.
3 체더치즈는 엑스(X) 자로 4등분해줍니다.
4 달걀 2개에 우유와 설탕, 소금을 넣고 곱게 잘 풀어 섞은 뒤 버터 두른 팬에 붓고 중약불에서 가볍게 휘저어가며 촉촉하고 부드럽게 스크램블에그를 만들어주세요.
5 빵 안쪽 면에 연유마요 스프레드와 스리라차마요 스프레드 I 을 각각 바른 뒤 치즈, 베이컨, 스크램블에그 순으로 올립니다.
6 연유와 파슬리가루를 뿌려 샌드위치를 완성합니다.

TOPPING

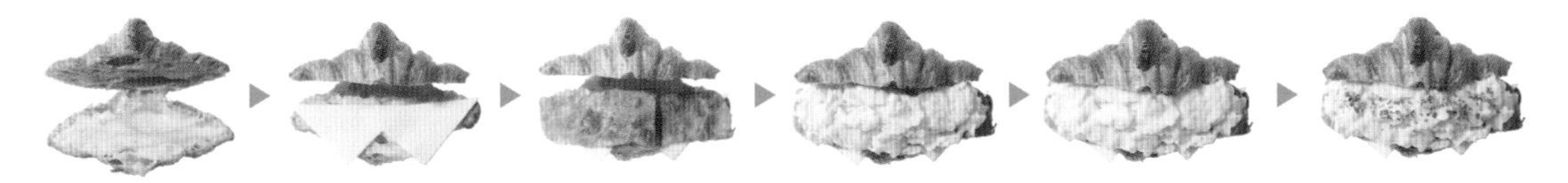

리코타 토마토 베이글 샌드위치

베이글 사이에 리코타치즈를 넉넉히 넣고 토마토, 베이컨을 더한 샌드위치로 가벼운 한 끼 식사로 좋아요.
쫄깃 달콤한 건크랜베리가 씹혀 매력을 더합니다.

INGREDIENTS

베이글 1개, 리코타치즈 100g
목살베이컨 3장, 건크랜베리 1큰술
로메인 4장, 토마토 슬라이스 2개
고다슬라이스치즈 1장

리코타치즈(300g 분량)
우유 500ml, 생크림 250ml
플레인요거트(85g) 2개
레몬 1/2개, 소금 1작은술

연유머스터드 스프레드(142쪽 참조) 1큰술
바질페스토 스프레드(142쪽 참조) 1큰술

HOW TO MAKE

1 레몬은 착즙한 뒤 요거트와 잘 섞어줍니다.
2 우유와 생크림을 냄비에 붓고 중약불에서 온도를 올리다가 유막이 생기고 잔 기포가 바닥에서 올라오면 약불로 불을 줄여줍니다.
3 2에 소금과 1을 넣고 한두 번만 짧게 섞어 10~15분 정도 약불에서 끓인 뒤 면포를 깔아둔 체망에 부어줍니다.
4 어느 정도 수분이 빠지면 동그랗게 뭉쳐 냉장고에 넣고 6시간 정도 더 굳혀 리코타치즈를 완성합니다(시판 제품 사용 가능).
5 로메인은 찬물에 담가 싱싱하게 만든 뒤 깨끗이 씻어 물기를 제거해주세요.
6 토마토는 가로로 도톰하게 슬라이스한 뒤 키친타월로 물기를 제거해주세요.
7 목살베이컨은 앞뒤로 노릇하게 구운 뒤 키친타월로 기름기를 제거해주세요.
8 베이글은 가로로 2등분한 뒤 한쪽 면에 연유머스터드 스프레드를 바르고 고다치즈, 로메인, 토마토, 리코타치즈, 건크랜베리, 목살베이컨 순으로 올립니다.
9 나머지 빵 한쪽 면에 바질페스토 스프레드를 바른 뒤 8에 덮어 샌드위치를 완성합니다.

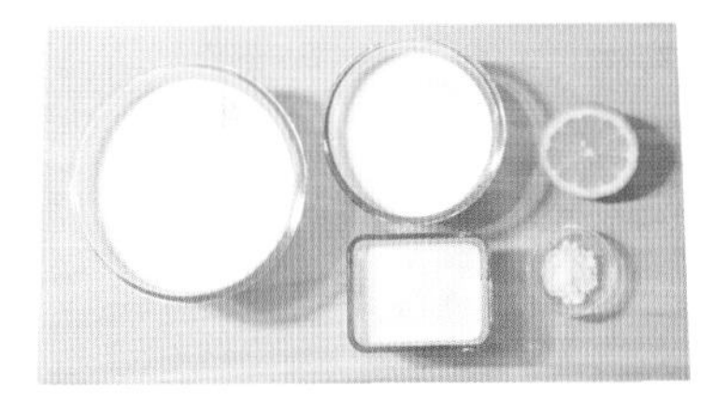

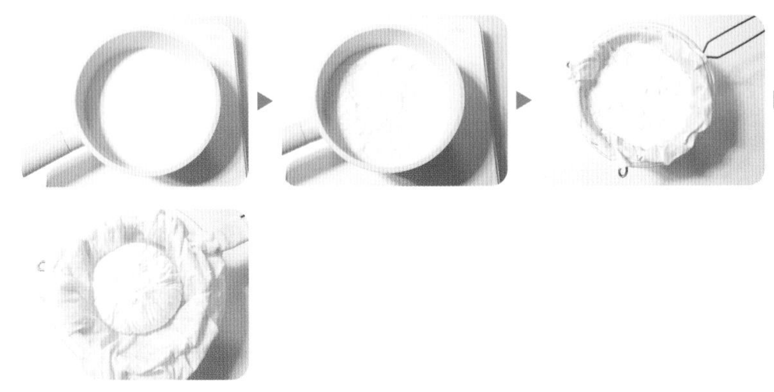

TIP

- 우유는 저지방, 무지방이 아닌 일반우유를 사용하고 생크림은 동물성 유크림 100% 제품을 사용합니다.
- 리코타치즈는 시판 제품도 괜찮지만, 직접 만들어 사용하면 훨씬 맛이 좋습니다.

TOPPING

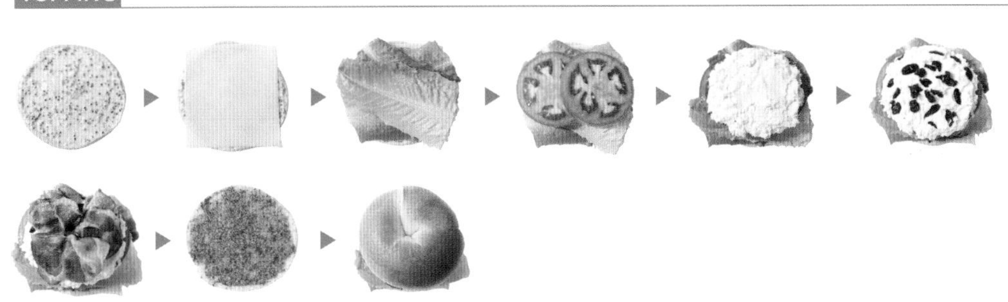

감동란 매시드포테이토 샌드위치

반숙 삶은 달걀 감동란에 매시드포테이토, 양배추 샐러드를 더해 샌드위치로 만들어보았어요.
예쁜 단면에 맛도 영양도 좋아 간식으로도, 한 끼 식사로도 참 좋은 샌드위치입니다.

INGREDIENTS

식빵 2장

감동란
달걀 2개, 굵은 소금 5큰술
식초 2큰술, 물 400ml

양배추 샐러드
양배추 50g, 적양배추 50g
<절임 양념>
소금 1/2작은술, 설탕 1작은술, 식초 1작은술
<샐러드 소스>
마요네즈 1큰술
홀그레인머스터드 1/2작은술
식초 1/2작은술, 설탕 1/2작은술
허브솔트 약간

매시드포테이토
감자 1개(120g)
버터 1작은술
생크림 50~60ml
파마산치즈가루 1큰술
허브솔트 약간

홀그레인머스터드 1/2큰술
허니머스터드 스프레드(142쪽 참조) 1큰술

HOW TO MAKE

1 잠길 만큼의 물에 실온 상태의 달걀과 굵은 소금 1큰술, 식초 2큰술을 넣고 물이 끓기 시작하면 6분 정도 더 삶은 뒤 찬물에 담가 열기를 식혀줍니다.
2 볼에 물 400ml와 굵은 소금 4큰술을 넣고 잘 녹인 뒤 1을 넣고 냉장고에서 6시간 이상 숙성해 감동란을 만들어줍니다. 시판 제품을 이용해도 좋습니다.
3 양배추와 적양배추는 가늘게 채 썬 뒤 절임 양념에 10분 정도 절여 물기를 꼭 짜고 샐러드 소스를 더해 잘 섞어 양배추 샐러드를 만들어주세요.
4 감자는 껍질을 벗긴 뒤 씻어서 삶거나 전자레인지로 잘 익혀 뜨거울 때 버터와 함께 곱게 으깬 뒤 나머지 재료를 넣고 잘 섞어 매시드포테이토를 만들어주세요.
5 식빵 한쪽 면에 홀그레인머스터드를 바른 뒤 매시드포테이토, 감동란, 양배추 샐러드 순으로 올립니다.
6 나머지 빵 한쪽 면에 허니머스터드 스프레드를 바른 뒤 5에 덮어 샌드위치를 완성합니다.

구운 가지 베이컨 샌드위치

얇게 슬라이스해 구운 가지에 양파잼, 베이컨, 달걀프라이를 더해봤어요.
맛뿐 아니라 쫄깃쫄깃한 식감이 좋아 가지의 매력을 듬뿍 알 수 있는 메뉴입니다.

INGREDIENTS

잡곡식빵 2장
가지 1개
달걀 1개
카나디언베이컨 4장
로메인 4장
고다슬라이스치즈 1장
선드라이토마토 8개
허브솔트 약간
식용유 약간

양파처트니 스프레드(143쪽 참조) 2큰술
발사믹글레이즈 1큰술
크림치즈 1.5큰술

HOW TO MAKE

1 로메인은 찬물에 담가 싱싱하게 만든 뒤 깨끗이 씻어 물기를 제거해주세요.
2 가지는 0.5cm 정도 두께로 길게 슬라이스한 뒤 기름을 두르지 않은 팬에 올리고 허브솔트를 약간 뿌려 앞뒤로 노릇하게 구워주세요.
3 카나디언베이컨은 앞뒤로 노릇하게 구운 뒤 키친타월로 기름기를 제거하고, 달걀은 프라이해 준비합니다.
4 식빵 한쪽 면에 양파처트니 스프레드를 바른 뒤 로메인, 카나디언베이컨, 구운 가지, 발사믹글레이즈, 선드라이토마토, 달걀프라이, 고다치즈 순으로 올립니다.
5 나머지 빵 한쪽 면에 크림치즈를 바른 뒤 4에 덮어 샌드위치를 완성합니다.

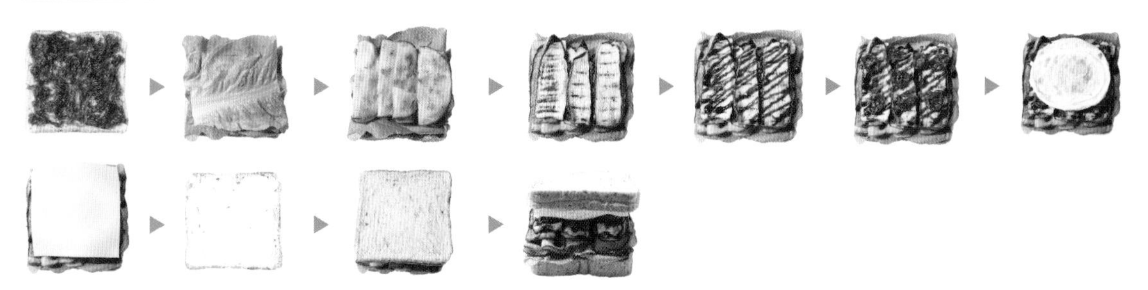

Sweet Pumpkin & Sweet Potato Mousse Sandwich

단호박 고구마무스 샌드위치

으깬 고구마무스에 찐 단호박이 콕콕! 치즈와 베이컨, 토마토가 더해져 더 맛있습니다.
부드럽고 자극적이지 않으면서 든든한 샌드위치입니다.

INGREDIENTS

식빵 2장
미니단호박 1/3개(80g)
로메인 3장
토마토 슬라이스 2개
고다슬라이스치즈 1장
카나디언베이컨 1장

고구마무스
고구마 150g
버터 1/2큰술
마요네즈 2.5큰술
연유 1/2큰술
생크림 또는 우유 1.5큰술
파마산치즈가루 1큰술
레몬즙 4방울
허브솔트 약간

크림치즈 2큰술
홀그레인머스터드 1/2큰술

HOW TO MAKE

1 로메인은 찬물에 담가 싱싱하게 만든 뒤 깨끗이 씻어 물기를 제거해주세요.
2 토마토는 가로로 도톰하게 슬라이스한 뒤 키친타월로 물기를 제거해주세요.
3 단호박은 안쪽의 씨를 제거하고 3등분해 찜기나 전자레인지로 부드럽게 쪄준 뒤 9조각 정도로 썰어줍니다.
4 고구마는 껍질을 벗긴 뒤 씻어서 삶거나 전자레인지로 잘 익혀 뜨거울 때 버터와 함께 곱게 으깬 뒤 나머지 재료를 넣고 잘 섞어 고구마무스를 만들어주세요.
5 식빵 한쪽 면에 크림치즈를 바른 뒤 로메인, 토마토, 고구마무스 절반, 찐 단호박, 남은 고구마무스, 카나디언베이컨, 고다치즈 순으로 올립니다.
6 나머지 빵 한쪽 면에 홀그레인머스터드를 바른 뒤 5에 덮어 샌드위치를 완성합니다.

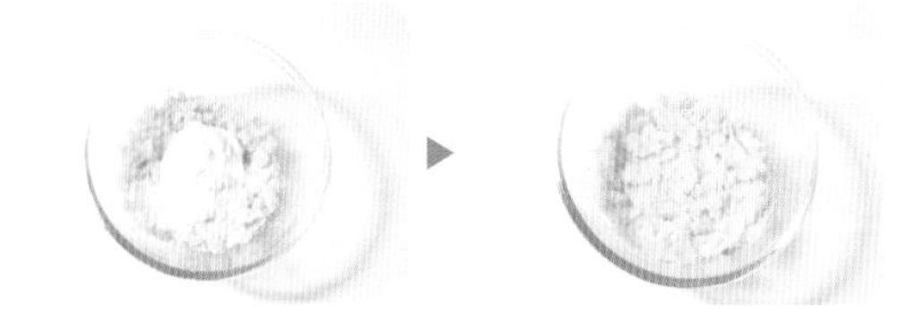

TIP

카나디언베이컨은 생식용으로 사용 가능합니다.

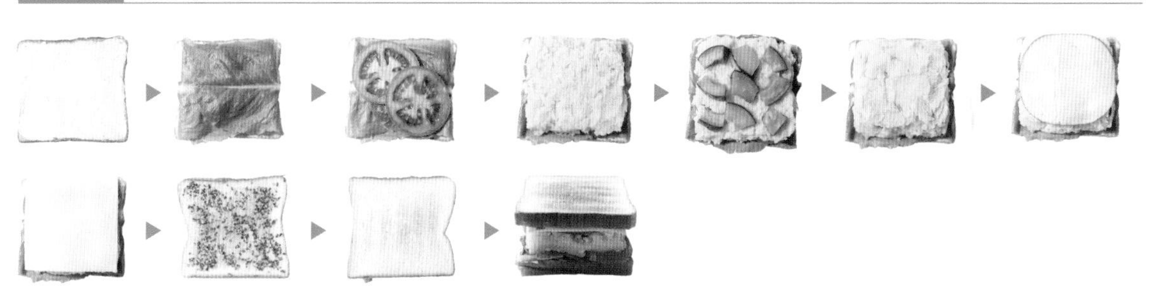

토마토 카프레제 샌드위치

Caprese Sandwich

토마토, 생모차렐라치즈, 바질로 만드는 이탈리아의 대표적인 샐러드인 카프레제를 치아바타 사이에 넣어보았어요. 고소하고 상큼 향긋한 맛이 일품인 가볍게 즐기기 참 좋은 샌드위치입니다.

INGREDIENTS

올리브치아바타 1개
토마토(소) 2/3개(90g)
생모차렐라치즈 85g
홀머슬햄 2장(50g)
로메인 4장
바질 4~5장

바질페스토 스프레드(142쪽 참조) 1.5큰술
발사믹글레이즈 2/3큰술
크림치즈 2/3큰술

HOW TO MAKE

1 로메인과 바질은 찬물에 담가 싱싱하게 만든 뒤 깨끗이 씻어 물기를 제거해주세요.
2 토마토는 가로로 도톰하게 슬라이스한 뒤 키친타월로 물기를 제거해주세요.
3 생모차렐라치즈도 도톰하게 슬라이스합니다.
4 치아바타는 가로로 2등분한 뒤 한쪽 면에 바질페스토 스프레드를 바르고 로메인, 홀머슬햄, 토마토, 생모차렐라치즈, 바질, 발사믹글레이즈 순으로 올립니다.
5 나머지 빵 한쪽 면에 크림치즈를 바른 뒤 4에 덮어 샌드위치를 완성합니다.

TOPPING

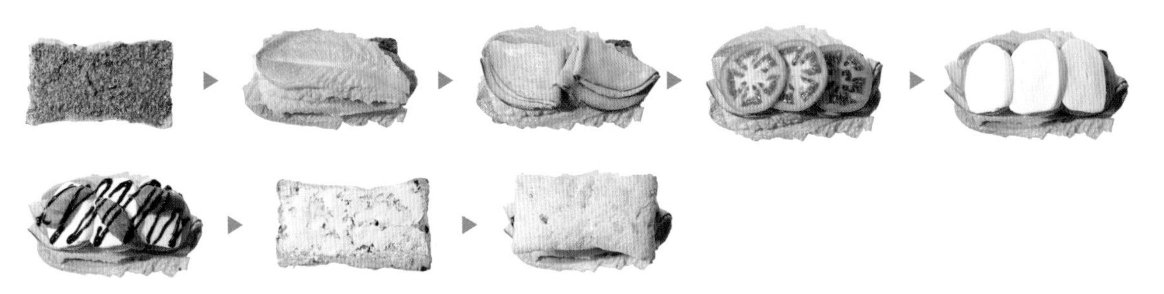

크로플 루콜라 잠봉 샌드위치

크루아상 생지를 와플기로 꾹 눌러 구운 크로플로 잠봉뵈르 샌드위치를 만들어보았어요. 에멘탈치즈와 선드라이토마토, 루콜라로 풍미도 더했습니다.

INGREDIENTS

미니크루아상 생지(40g) 2개
잠봉 40g
무염버터 20g
에멘탈슬라이스치즈 1장
루콜라 10g
선드라이토마토 6개

씨겨자허니 스프레드(143쪽 참조) 1큰술
바질페스토 스프레드(142쪽 참조) 2작은술

HOW TO MAKE

1 냉동 미니크루아상 생지는 해동한 후 와플팬에 눌러 구워줍니다. 시판 크로플을 사용해도 좋아요.
2 루콜라는 찬물에 담가 싱싱하게 만든 뒤 깨끗이 씻어 물기를 제거합니다.
3 버터는 얇게 4조각 정도로 슬라이스하고, 치즈는 4등분해줍니다.
4 크로플은 가로로 깊게 칼집을 넣은 뒤 안쪽 면에 각각 씨겨자허니 스프레드와 바질페스토 스프레드를 바르고 무염버터, 잠봉, 루콜라, 선드라이토마토, 에멘탈치즈 순으로 올려 완성합니다.

TOPPING

구운 어묵 감자 샐러드 샌드위치

누구나 좋아하는 감자 샐러드에 햄 대신 어묵을 살짝 구워 넣고 샌드위치를 만들었어요.
어묵의 감칠맛에 매콤달콤 스위트칠리소스가 더해져 새롭게 즐길 수 있습니다.

INGREDIENTS

모닝빵(30g) 3개
사각어묵 1.5장
로메인 6장
체더슬라이스치즈 3장
식용유 약간

감자 샐러드(약 6개분)
감자 2개(250g)
오이 1/2개(125g)
양파 1/3개(50g)
당근 1/7개(25g)
삶은 달걀 2개
버터 1큰술
〈야채절임 양념〉
소금 1작은술, 설탕 1/2작은술
〈샐러드 소스〉
마요네즈 4큰술, 플레인요거트 1큰술
홀그레인머스터드 1/2큰술, 꿀 1큰술
파마산치즈가루 1큰술, 허브솔트 약간

홀그레인머스터드 1.5작은술
스위트칠리소스 3작은술
딸기잼 2큰술

HOW TO MAKE

1 로메인은 찬물에 담가 싱싱하게 만든 뒤 깨끗이 씻어 물기를 제거해주세요.
2 오이는 얇게 반달 모양으로 썰고, 양파와 당근은 가늘게 채 썰어 야채절임 양념에 20분 정도 절인 뒤 물기를 꼭 짜줍니다.
3 감자는 껍질을 벗긴 뒤 씻어서 삶거나 전자레인지로 잘 익혀 뜨거울 때 버터와 함께 곱게 으깬 뒤 완숙으로 삶은 달걀을 넣고 좀 더 으깨줍니다.
4 3에 2와 샐러드 소스를 넣고 잘 섞어 감자 샐러드를 만들어주세요.
5 사각어묵은 세로로 짧게 2등분해 식용유를 약간 두른 팬에 앞뒤로 노릇하게 구워주세요.
6 모닝빵은 가로로 2등분해 한쪽 면에 홀그레인머스터드를 바른 뒤 로메인, 구운 어묵, 스위트칠리소스, 감자 샐러드, 치즈 순으로 올립니다.
7 나머지 빵 한쪽 면에 딸기잼을 바른 뒤 6에 덮어 샌드위치를 완성합니다.

TOPPING

Chipotle Shrimp Sandwich

새우튀김 치폴레 샌드위치

바삭한 새우튀김에 양상추, 로메인, 토마토 등 신선한 채소와 매콤한 멕시코소스 치폴레 스프레드를 더해 또띠아 샌드위치를 만들었어요. 친근한 재료로 이국적인 맛을 즐겨보세요.

INGREDIENTS

또띠아(20cm) 1장
냉동왕새우튀김(시판) 2개
체더슬라이스치즈 1장
로메인 1장
양상추 1장
파프리카 1/4개
(자색)양파 약간
토마토 슬라이스 1.5개
할라피뇨 슬라이스 3개
식용유 약간

타르타르 스프레드(143쪽 참조) 1.5큰술
치폴레마요 스프레드(143쪽 참조) 1.5큰술

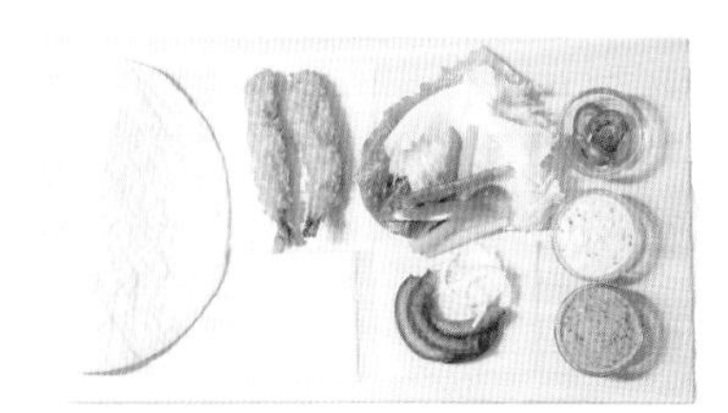

HOW TO MAKE

1 로메인과 양상추는 찬물에 담가 싱싱하게 만든 뒤 깨끗이 씻어 물기를 제거해주세요.
2 (자색)양파는 가늘게 채 썬 뒤 찬물에 잠시 담가 매운맛을 없애고 물기를 제거해주세요.
3 파프리카와 토마토는 씨를 제거한 뒤 스틱 모양으로 길쭉하게 썰어주세요.
4 또띠아는 팬에 살짝 구워주세요.
5 새우튀김은 식용유를 살짝 발라 에어프라이어에 넣고 180℃에서 10분 정도 노릇노릇 바삭하게 구워주세요. 160℃ 기름에 넣고 튀겨도 좋아요.
6 또띠아 중앙에 타르타르 스프레드를 펴 바른 뒤 로메인, 양상추, (자색)양파, 파프리카, 토마토, 할라피뇨, 치즈, 새우튀김 순으로 올리고 치폴레마요 스프레드를 뿌려줍니다.
7 내용물의 절반 정도만 덮히도록 또띠아를 접은 뒤 양 가장자리를 감싸 샌드위치를 완성합니다.

코울슬로 햄 치즈 샌드위치

치킨과 함께 자주 먹는 양배추 샐러드 코울슬로를 활용해 만든 샌드위치예요.
딸기잼과 허니머스터드 스프레드를 더해 맛있게 즐겨보세요.

INGREDIENTS

잡곡식빵 2장
달걀 1개
홀머슬햄 2장(50g)
로메인 3장
고다슬라이스치즈 1장
식용유 약간

코울슬로
양배추 100g
양파 20g
당근 15g
〈야채절임 양념〉
식초 1작은술, 설탕 1작은술, 소금 1/3작은술
〈샐러드 소스〉
마요네즈 1.5큰술
홀그레인머스터드 1/4큰술
식초 1/3큰술, 설탕 1/2큰술
허브솔트 약간

딸기잼 1.5큰술
허니머스터드 스프레드(142쪽 참조) 1.5큰술

HOW TO MAKE

1 로메인은 찬물아 담가 싱싱하게 만든 뒤 깨끗이 씻어 물기를 제거해주세요.
2 양배추와 양파, 당근은 가늘게 채 썰어 야채절임 양념에 20분 정도 절인 뒤 가볍게 짜 물기를 제거해주세요.
3 달걀은 프라이해주세요.
4 2에 샐러드 소스를 넣고 버무려 코울슬로를 만들어줍니다.
5 식빵 한쪽 면에 딸기잼을 바른 뒤 로메인, 달걀프라이, 홀머슬햄, 코울슬로, 고다치즈 순으로 올립니다.
6 나머지 빵 한쪽 면에 허니머스터드 스프레드를 바르고 5에 덮어 샌드위치를 완성합니다.

TOPPING

버섯 불고기 치즈 샌드위치

소고기 불고기를 바게트에 넣고 에멘탈치즈, 체더치즈, 바질페스토를 더해 샌드위치를 만들어보았어요.
한국적이면서 이국적인 맛을 동시에 느껴보세요.

INGREDIENTS

미니소프트바게트(18cm) 1개
(자색)양파 20g
로메인 4장
토마토 슬라이스 1.5개
에멘탈슬라이스치즈 1.5장
체더슬라이스치즈 1장

버섯불고기
소고기(불고기용) 100g
표고버섯 1개
식용유 1/2큰술

〈불고기 양념〉
송송 썬 대파 1/2큰술, 진간장 1/3큰술
참치액 1/6큰술, 다진 마늘 1/4큰술
맛술 1/2큰술, 배주스 1큰술
흑설탕 1/4큰술, 물엿 1/2큰술
참기름 1/4큰술, 후추 약간

크림치즈어니언 스프레드(143쪽 참조) 2큰술
바질페스토 스프레드(142쪽 참조) 1.5큰술

HOW TO MAKE

1 로메인은 찬물에 담가 싱싱하게 만든 뒤 깨끗이 씻어 물기를 제거해주세요.
2 (자색)양파는 가늘게 채 썬 뒤 찬물에 잠시 담가 매운맛을 없애고 물기를 제거해주세요.
3 토마토는 가로로 도톰하게 슬라이스한 뒤 키친타월로 물기를 제거해주세요.
4 소고기는 키친타월로 핏물을 제거한 뒤 먹기 좋게 썰어 불고기 양념에 10분 이상 재워 주세요.
5 식용유를 두른 팬에 4를 올려 볶다가 물기가 거의 사라지면 도톰하게 슬라이스한 표고 버섯을 넣고 물기 없이 볶아 버섯불고기를 만들어주세요.
6 바게트는 가로로 깊게 칼집을 넣은 뒤 안쪽 면에 각각 크림치즈어니언 스프레드와 바질페스토 스프레드를 바르고 로메인, 토마토, 에멘탈치즈, 체더치즈, 버섯불고기, (자색)양파 순으로 올려 샌드위치를 완성합니다.

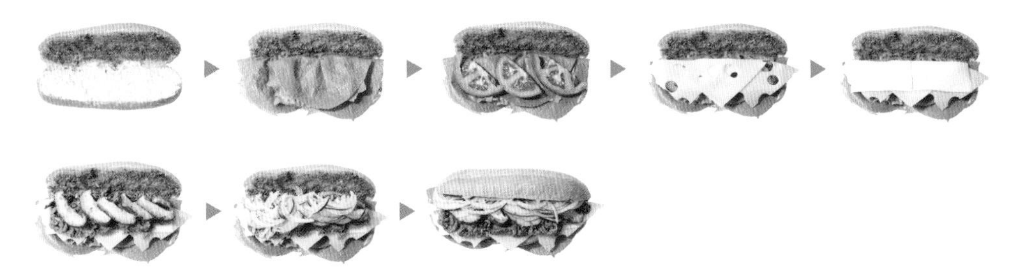

햄 치즈 꿀호떡 와플 샌드위치

Honey-Filled Korean Pancake Sandwich with Ham & Cheese

시판 미니꿀호떡을 와플메이커로 꾹 눌러 구워 햄과 치즈, 달걀프라이를 사이에 넣어주면 아이들이 참 좋아하는 샌드위치가 간단하고 맛있게 완성됩니다.

INGREDIENTS

미니꿀호떡 4개
달걀 2개
샌드위치햄 2장
체더슬라이스치즈 2장
식용유 약간

허니머스터드 스프레드(142쪽 참조) 1큰술

HOW TO MAKE

1 꿀호떡은 와플메이커로 눌러 구워주세요.
2 달걀은 반숙으로 프라이해주세요.
3 빵 한쪽 면에 허니머스터드 스프레드를 바른 뒤 샌드위치햄, 체더치즈, 달걀프라이 순으로 올리고 나머지 빵을 덮어 샌드위치를 완성합니다.

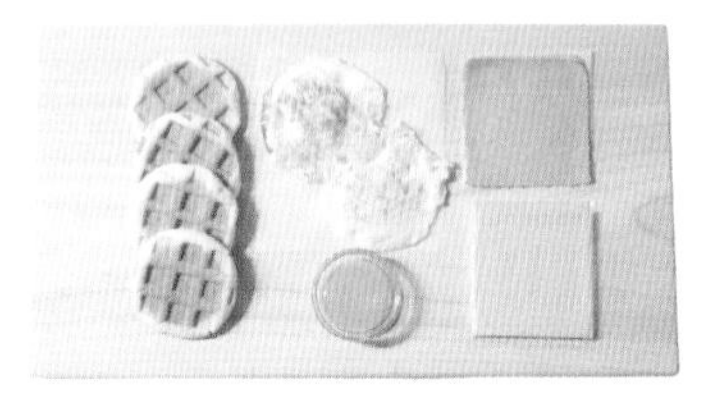

훈제연어 크림치즈 샌드위치

Smoked Salmon Cream Cheese Sandwich

훈제연어와 크림치즈는 참 잘 어울리는 조합이에요.
아보카도와 토마토로 상큼 고소함을 더했습니다.

INGREDIENTS

브라운치아바타 1개
훈제연어 4줄(75g)
아보카도 1/2개
루콜라 25g
토마토 1/2개
양파 15g
케이퍼 7알

발사믹글레이즈 2/3큰술
크림치즈랜치 스프레드(142쪽 참조) 2큰술

HOW TO MAKE

1. 루콜라는 찬물에 담가 싱싱하게 만든 뒤 깨끗이 씻어 물기를 제거해주세요.
2. 토마토는 가로로 도톰하게 슬라이스한 뒤 키친타월로 물기를 제거해주세요.
3. 양파는 가늘게 채 썬 뒤 찬물에 잠시 담가 매운맛을 없애고 물기를 제거해주세요.
4. 케이퍼는 잘게 다집니다.
5. 잘 익은 아보카도는 반으로 갈라 씨와 껍질을 제거하고 얇게 슬라이스합니다.
6. 치아바타는 가로로 2등분한 뒤 안쪽 양면에 크림치즈랜치 스프레드를 바르고 루콜라, 연어, 양파, 케이퍼, 토마토, 아보카도 순으로 올립니다.
7. 발사믹글레이즈를 뿌린 뒤 나머지 빵을 덮어 샌드위치를 완성합니다.

TOPPING

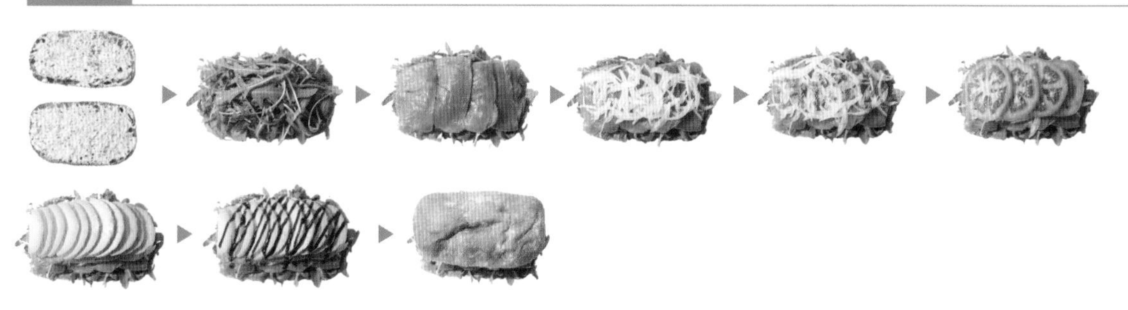

데리야키 구운 두부 샌드위치

햄이나 베이컨 대신 두부를 구워 넣어보았어요.
단백질이 풍부해 부담 없이 먹기 좋은 샌드위치입니다.

INGREDIENTS

잡곡식빵 2장
달걀 1개
로메인 4장
토마토 슬라이스 2개
고다슬라이스치즈 1장

데리야키두부구이
두부 1/2모(150g)
소금 약간
후추 약간
식용유 약간
〈데리야키소스〉
진간장 2/3큰술, 맛술 1큰술, 설탕 1/2큰술
올리고당 1/2큰술, 발사믹식초 1/2큰술

홀그레인마요 스프레드(142쪽 참조) 1.5큰술
스리라차마요 스프레드 I (142쪽 참조) 1큰술

HOW TO MAKE

1 로메인은 찬물에 담가 싱싱하게 만든 뒤 깨끗이 씻어 물기를 제거해주세요.
2 토마토는 가로로 도톰하게 슬라이스한 뒤 키친타월로 물기를 제거해주세요.
3 달걀은 반숙으로 프라이해주세요.
4 두부는 소금과 후추를 약간 뿌리고 키친타월 위에 30분 정도 올려 물기를 제거한 뒤 식용유를 약간 두른 팬에 앞뒤로 노릇하게 구워주세요.
5 팬에 데리야키소스 재료를 넣고 보글보글 끓으면 4를 올리고 소스가 잘 입혀지도록 졸여 데리야키 두부구이를 만들어주세요.
6 식빵 한쪽 면에 홀그레인마요 스프레드를 바른 뒤 로메인, 토마토, 구운 두부, 달걀프라이, 고다치즈 순으로 올립니다.
7 나머지 빵 한쪽 면에 스리라차마요 스프레드 I 을 바른 뒤 6에 덮어 샌드위치를 완성합니다.

TIP

두부(300g) 1모를 가로로 2등분해 1쪽만 준비해 주세요.

TOPPING

크래미 양배추 듬뿍 샌드위치

양배추 샐러드에 아이들이 좋아하는 크래미를 더했어요.
호불호 없이 누구나 좋아할 만한 샌드위치입니다.

INGREDIENTS

화이트치아바타 1개
샌드위치햄 3장
체더슬라이스치즈 3장

양배추 샐러드
양배추 150g
크래미 70g
양파 20g
〈야채절임 양념〉
소금 1/3작은술, 식초 2/3작은술
설탕 2/3작은술
〈샐러드 소스〉
마요네즈 2큰술
홀그레인머스터드 1/3큰술, 설탕 1/2큰술
레몬즙 1/2작은술, 후추 약간

딸기잼 1큰술
홀그레인머스터드 1/2큰술

HOW TO MAKE

1 양배추와 양파는 가늘게 채 썰고 야채절임 양념에 버무려 15분 정도 절인 뒤 가볍게 짜 물기를 제거해주세요.
2 1을 볼에 담고 크래미를 잘게 찢어 올린 뒤 샐러드 소스에 잘 버무려 양배추 샐러드를 만들어주세요.
3 치아바타는 가로로 2등분한 뒤 빵 한쪽 면에 딸기잼을 바르고 체더치즈 1.5장, 샌드위치햄 1.5장, 양배추 샐러드, 샌드위치햄 1.5장, 체더치즈 1.5장 순으로 올립니다.
4 나머지 빵 한쪽 면에 홀그레인머스터드를 바른 뒤 3에 덮어 샌드위치를 완성합니다.

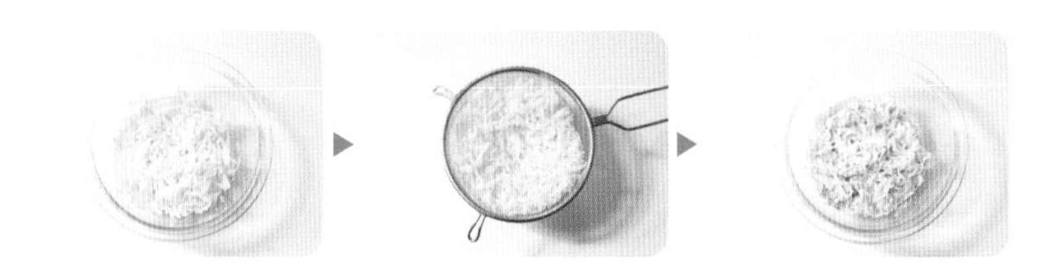

TIP

너무 과하게 꽉 감싸 포장하면 물기가 흘러나올 수 있으니 주의하세요.

TOPPING

Egg Mayonnaise Jambon Sandwich

에그마요 잠봉 샌드위치

먹물 소금빵 사이에 고소하고 부드러운 에그마요, 짭쪼롬 쫄깃한 잠봉,
달콤 아삭한 사과가 들어간 샌드위치입니다.

INGREDIENTS

먹물소금빵 2개
잠봉 1장(50g)
사과(소) 1/2개
체더슬라이스치즈 2장

에그마요
삶은 달걀 2개
양파 20g
오이피클 슬라이스 5개
마요네즈 2큰술
홀그레인머스터드 1/2큰술
연유 1/2큰술
파마산치즈가루 1큰술
레몬즙 약간
허브솔트 약간

딸기잼 1큰술

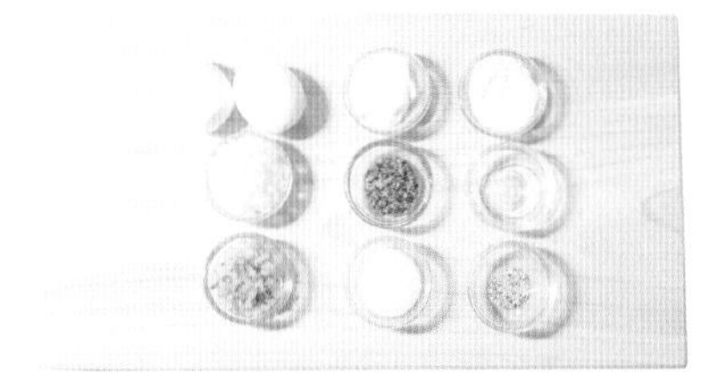

HOW TO MAKE

1 양파는 잘게 다진 뒤 찬물에 잠시 담가 매운맛을 없애고 물기를 제거해주세요..
2 오이피클은 키친타월로 물기를 제거한 뒤 잘게 다져줍니다.
3 달걀은 완숙으로 삶아 껍질을 벗겨 곱게 으깬 뒤 1, 2와 나머지 재료들을 넣고 잘 섞어 에그마요를 만들어주세요.
4 사과는 껍질째 깨끗이 씻어 씨를 제거하고 얇게 슬라이스합니다.
5 소금빵은 가로로 깊게 칼집을 넣은 뒤 한쪽 면에 딸기잼을 바르고 치즈, 사과, 잠봉, 에그마요 순으로 올려 샌드위치를 완성합니다.

TOPPING

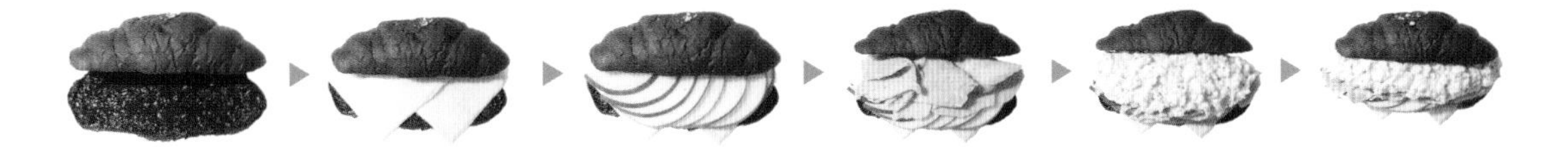

닭강정 리코타 샌드위치

닭강정을 핫도그번 사이에 끼워 샌드위치로 만들어보았어요.
고소하고 상큼한 리코타치즈가 더해져 누구나 좋아할 만한 색다른 샌드위치입니다.

INGREDIENTS

핫도그번(17cm) 2개
리코타치즈 100g
루콜라 15g
(자색)양파 20g

닭강정
닭다릿살 150g
감자전분 2큰술
식용유 1큰술
참기름 1작은술

〈밑간 양념〉
우유 2큰술, 설탕 1/2작은술
참기름 1/2작은술, 허브솔트 약간

〈닭강정 양념〉
케첩 1.5큰술, 고추장 1/3작은술
진간장 1/3작은술, 맛술 1/2큰술
설탕 1/3큰술, 다진 마늘 1/3작은술
다진 양파 1/2큰술, 올리고당 2/3큰술
생강가루 약간, 식용유 1/3큰술

홀그레인마요 스프레드(142쪽 참조) 4큰술

HOW TO MAKE

1 루콜라는 찬물에 담가 싱싱하게 만든 뒤 깨끗이 씻어 물기를 제거해주세요.
2 (자색)양파는 가늘게 채 썬 뒤 찬물에 잠시 담가 매운 맛을 없애고 물기를 제거해주세요.
3 닭다릿살은 큼직하게 썰어 흐르는 물에 씻은 뒤 밑간 양념에 20분 정도 재우고 맑은 물이 나올 때까지 헹궈 물기를 제거해주세요.
4 위생백에 3과 감자전분을 넣은 뒤 가볍게 흔들어 가루옷을 골고루 입히고 식용유를 더해 다시 흔들어 식용유도 골고루 입혀주세요.
5 에어프라이어에 4를 넣고 180~190℃에서 10분 정도 굽다가 반대로 뒤집어 10~15분 더 구워 노릇노릇 바삭하게 익혀주세요.
6 팬에 닭강정 양념을 모두 넣고 중강불에서 끓이다가 어느 정도 걸쭉해지면 5를 넣고 잘 섞은 뒤 불을 끄고 참기름을 더해 닭강정을 완성합니다.
7 핫도그번은 가로로 깊게 칼집을 넣은 뒤 안쪽 면에 홀그레인마요 스프레드를 바르고 루콜라, 리코타치즈, 닭강정, (자색)양파 순으로 올려 샌드위치를 완성합니다.

TIP

리코타치즈 만들기는 '리코타 토마토 베이글 샌드위치(147쪽)' 레시피를 참고해주세요. 시판 제품도 괜찮지만, 직접 만들어 사용하면 훨씬 맛이 좋답니다.

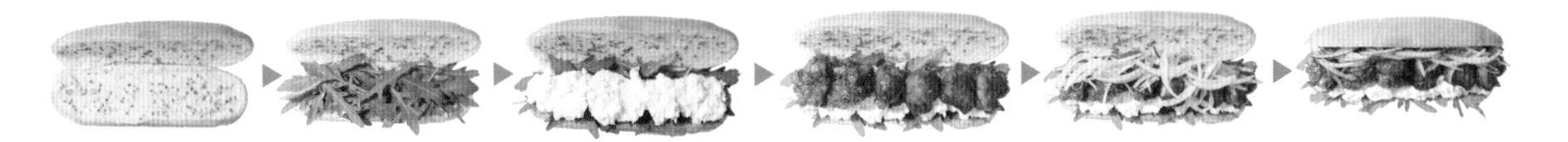

아보카도 연어 수란 오픈 샌드위치

아보카도 스프레드에 훈제연어, 수란까지 얹어 맛도 비주얼도 훌륭한 오픈샌드위치입니다.
톡 터뜨리면 노른자가 주르륵 흘러 멋진 인증샷을 남길 수 있답니다.

INGREDIENTS

깜빠뉴(14X8cm) 2개
훈제연어 4줄(100g)
루콜라 한 줌
케이퍼 10개
선드라이토마토 10개
그라나파다노치즈 적당량
크러시드레드페퍼 약간

수란
실온 달걀 2개
물 240ml
식초 2작은술

아보카도 스프레드
아보카도(소) 1개
크림치즈 2큰술
홀그레인머스터드 1큰술
꿀 1큰술
레몬즙 2작은술
허브솔트 약간

HOW TO MAKE

1. 루콜라는 찬물에 담가 싱싱하게 만든 뒤 깨끗이 씻어 물기를 제거해주세요.
2. 깜빠뉴는 180℃ 오븐이나 에어프라이어에 2~3분 구워준 뒤 한 김 식혀줍니다.
3. 전자레인지 사용 가능한 오목하고 좁은 용기에 물 120ml와 식초 1작은술을 넣은 뒤 달걀 1개를 조심스럽게 깨 넣어주세요.
4. 전자레인지에 3을 넣고 30초 작동 후 10~20초씩 짧게 끊어가며 총 1분~1분 30초 작동해 반숙으로 수란을 만들어주세요. 더 이상 익지 않도록 찬물에 담갔다 건집니다.
5. 후숙한 아보카도는 반으로 잘라 씨와 껍질을 제거하고 레몬즙을 더해 곱게 으깬 뒤 나머지 재료들과 함께 잘 섞어 아보카도 스프레드를 만들어주세요.
6. 빵에 5를 넉넉히 올려 펴 바른 뒤 훈제연어, 루콜라, 선드라이토마토, 케이퍼, 수란 순으로 올리고 그라나파다노치즈를 갈아 올립니다.
7. 취향껏 크러시드레드페퍼를 더해 샌드위치를 완성합니다.

TOPPING

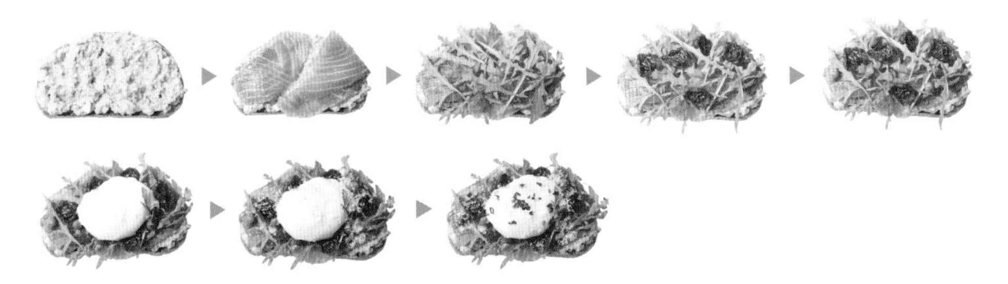

해시포테이토 베이컨 샌드위치

Hash Brown Breakfast Sandwich

프랜차이즈 햄버거집에 가면 꼭 함께 주문하는 해시브라운을 식빵 사이에 넣어 샌드위치로 만들어보세요. 따뜻할 때 커피와 함께 브런치로 즐기면 참 맛있습니다.

INGREDIENTS

식빵 2장
해시브라운 2개
달걀 1개
로메인 4장
토마토 슬라이스 1개
베이컨 2줄
체더슬라이스치즈 1장
식용유 약간

연유머스터드 스프레드(142쪽 참조) 2큰술
케첩 1큰술
스위트칠리마요 스프레드(143쪽 참조) 2큰술

HOW TO MAKE

1. 로메인은 찬물에 담가 싱싱하게 만든 뒤 깨끗이 씻어 물기를 제거해주세요.
2. 토마토는 가로로 도톰하게 슬라이스한 뒤 키친타월로 물기를 제거해주세요.
3. 달걀은 반숙으로 프라이해주세요.
4. 베이컨은 앞뒤로 노릇하게 구워 키친타월로 기름을 제거해주세요.
5. 해시브라운은 식용유를 두른 팬에 굽거나 에어프라이어에 넣고 노릇노릇 바삭하게 구워주세요.
6. 식빵 한쪽 면에 연유머스터스 스프레드를 바른 뒤 로메인, 토마토, 달걀프라이, 해시브라운, 케첩, 베이컨, 체더치즈 순으로 올립니다.
7. 나머지 빵 한쪽 면에 스위트칠리마요 스프레드를 바르고 6에 덮어 샌드위치를 완성합니다.

TOPPING

크로플 누텔라 생과일 샌드위치

와플메이커로 크루아상 생지를 꾹 눌러 구운 크로플에
악마의 잼이라 불리는 누텔라를 바르고 제철 과일을 올려
오픈샌드위치로 만들어보았어요. 디저트로 즐겨보세요.

INGREDIENTS

미니크루아상 생지(40g) 3개, 딸기 6알, 청포도 3알
바나나 2/3개, 누텔라 3큰술, 슈가파우더 약간
그린피스타치오 약간, 생크림(유크림 100%) 150g
설탕 15g, 쿠엥트로(오렌지리큐르) 1작은술

HOW TO MAKE

1 냉동 미니크루아상 생지는 해동한 후 와플메이커에 눌러 구워줍니다. 시판 크로플을 사용해도 좋아요.
2 누텔라 1큰술은 작은 짤주머니에 담아둡니다.
3 피스타치오는 적당히 다집니다.
4 딸기와 바나나는 동글동글 도톰하게 썰고 청포도는 반으로 썰어주세요. 다른 계절과일을 이용해도 좋습니다.
5 차가운 상태의 생크림에 설탕과 쿠엥트로(생략 가능)를 넣고 핸드믹서로 휘핑해 단단하게 크림을 만든 뒤 짤주머니에 넣어둡니다.
6 크로플에 누텔라를 바르고 크림을 넉넉히 짜 올린 뒤 과일을 보기 좋게 얹습니다.
7 슈가파우더를 뿌린 뒤 2를 지그재그 모양으로 올리고 다진 피스타치오를 뿌려 샌드위치를 완성합니다.

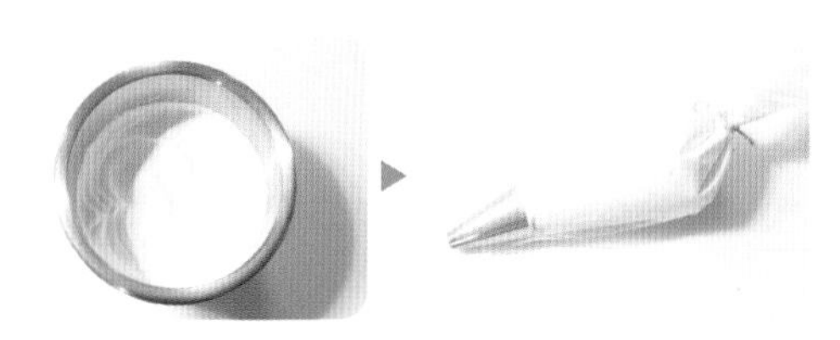

TIP

생크림은 꼭 차가운 상태여야 합니다. 날씨가 더울 경우 얼음물에 받쳐 진행하면 좀 더 크림이 잘 만들어집니다.
슈가파우더 대신 잘 녹지 않는 데코스노우를 사용해도 좋습니다.

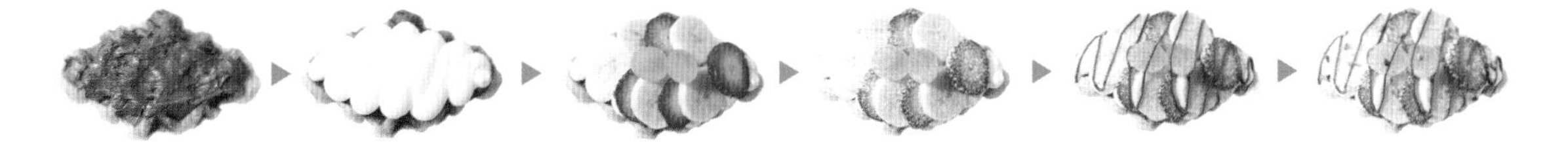

Kimchi Bulgogi Banh Mi

김치 불고기 반미 샌드위치

피시소스와 스리라차소스로 베트남 느낌을 더한 돼지불고기에 신김치를 양념해 올려 한국식 반미샌드위치를 만들었어요.
친숙한 재료로 재현해본 이국적인 맛을 가정에서 즐겨보세요.

INGREDIENTS

미니쌀바게트(16cm) 1개, 로메인 4장
고수 취향껏, (자색)양파 20g, 신김치 50g
〈신김치 양념〉
설탕 2/3작은술, 식초 2/3작은술
참기름 1/2작은술

돼지불고기
돼지고기(불고기용) 100g, 식용유 1/2큰술
〈불고기 양념〉
송송 썬 대파 1큰술, 다진 마늘 1작은술
진간장 1/2작은술, 굴소스 1/4작은술
피시소스 1/4작은술
스리라차소스 1/2작은술
맛술 1/3큰술, 흑설탕 1/3큰술
후추 약간, 생강가루 약간

마늘마요 스프레드(143쪽 참조) 1.5큰술
스리라차마요 스프레드 II(142쪽 참조) 1큰술

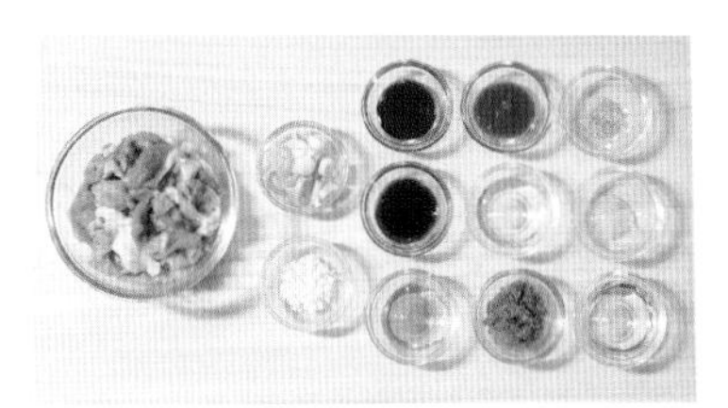

HOW TO MAKE

1 로메인과 고수는 차가운 물에 담가 싱싱하게 만든 뒤 깨끗이 씻어 물기를 제거합니다
2 (자색)양파는 가늘게 채 썬 뒤 차가운 물에 잠시 담가 매운맛을 없애고 물기를 제거합니다.
3 신김치는 흐르는 물에 씻어 물기를 꼭 짜준 뒤 채 썰고 신김치 양념에 버무려 잠시 재워 줍니다.
4 불고기용 돼지고기는 키친타월로 핏물을 제거한 뒤 먹기 좋게 썰고, 불고기 양념에 버무려 30분 이상 재워줍니다.
5 식용유를 두른 팬에 4를 올리고 물기 없이 볶아 돼지불고기를 만듭니다.
6 미니쌀바게트는 가로로 깊게 칼집을 넣은 뒤 안쪽 면에 각각 마늘마요 스프레드와 스리라차마요 스프레드 II를 바르고 로메인, (자색)양파, 돼지불고기, 신김치, 고수 순으로 올려 샌드위치를 완성합니다.

TIP

신김치의 짠맛이 강할 경우 물에 잠시 담가 짠기를 조금 제거한 뒤 사용하세요.

TOPPING

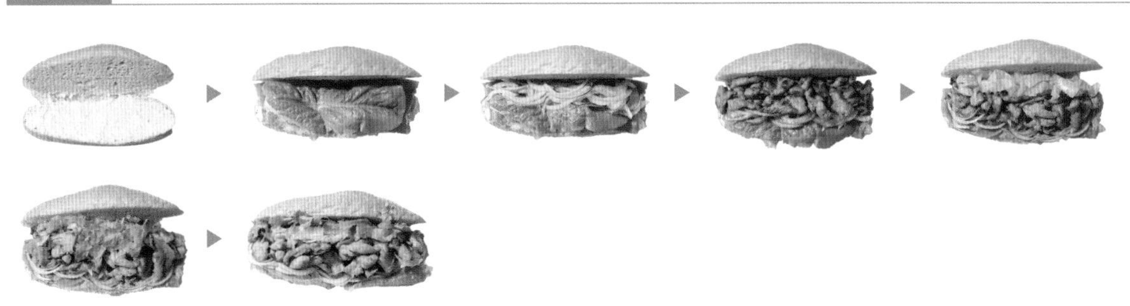

토마토 달걀볶음 샌드위치

햄, 치즈와 함께 핫도그번에 토마토 달걀볶음을 넣어 만든 샌드위치예요.
바질페스토로 향긋함을 더해주면 더 맛있게 즐길 수 있습니다.

INGREDIENTS

핫도그번(17cm) 1개
체더슬라이스치즈 1장
샌드위치햄 1장, 루콜라 한 줌

토마토 달걀볶음(2개 분량)
방울토마토 10알, 달걀 2개
대파(흰 부분) 5g, 다진 양파 15g
버터 2/3큰술, 파마산치즈가루 1큰술
후추 약간, 식용유 1큰술

〈달걀 양념〉
우유 2큰술, 맛술 1작은술, 소금 약간

〈토마토 달걀볶음 양념〉
굴소스 1/2작은술, 진간장 1/2작은술
설탕 1/3작은술

양파연유마요 스프레드(143쪽 참조) 1큰술
바질페스토 스프레드(142쪽 참조) 1큰술

HOW TO MAKE

1 루콜라는 찬물에 담가 싱싱하게 만든 뒤 깨끗이 씻어 물기를 제거해주세요.
2 방울토마토는 반으로 슬라이스하고, 대파는 송송 썰고, 양파는 굵직하게 다져줍니다.
3 토마토 달걀볶음 양념은 설탕이 잘 녹도록 섞어줍니다.
4 달걀에 달걀 양념을 넣고 곱게 풀어줍니다.
5 달군 팬에 버터를 올려 녹으면 4를 넣고 가볍게 휘저어가며 촉촉하고 부드럽게 익혀 잠시 덜어둡니다.
6 팬에 식용유를 두른 뒤 대파와 양파를 넣고 잠시 볶다가 토마토를 넣어 함께 짧게 볶습니다.
7 6에 3을 부어 바르르 잠시 끓인 뒤 5를 더해 잘 섞이도록 짧게 볶아주고 불에서 내린 후 파마산치즈가루와 후추를 뿌려 토마토 달걀볶음을 완성합니다.
8 핫도그번은 가로로 깊게 칼집을 넣은 뒤 안쪽 면에 양파연유마요 스프레드와 바질페스토 스프레드를 바르고 체더치즈, 샌드위치햄, 토마토 달걀볶음, 루콜라 순으로 올려 샌드위치를 완성합니다.

TOPPING

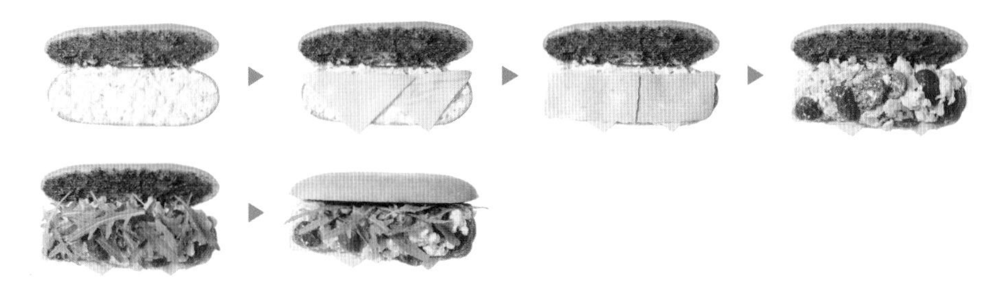

Chicken and Caramelized Onion Sandwich

캐러멜라이징 양파 닭가슴살 샌드위치

데리야키닭가슴살구이에 볶은 양파가 가득합니다.
로메인, 양상추, 토마토 등 채소도 넉넉해 다이어트 중에도 먹기 좋은 맛있는 샌드위치입니다.

INGREDIENTS

식빵 2장, 로메인 3장, 양상추 2장
토마토 슬라이스 1.5개
고다슬라이스치즈 1장

데리야키닭가슴살구이
닭가슴살 한 덩이(145g)
올리브오일 1/2큰술
〈밑간 양념〉
맛술 1작은술, 허브솔트 약간
〈데리야키소스〉
진간장 2작은술, 굴소스 1작은술
맛술 1큰술, 다진 마늘 1작은술
생강가루 약간, 설탕 1/2큰술
올리고당 1/2큰술, 물 1큰술, 후추 약간

캐러멜라이징양파
양파 100g, 올리브오일 1/2큰술
허브솔트 약간, 발사믹식초 1/2큰술

크림치즈 1큰술
허니씨겨자머스터드 스프레드(143쪽 참조) 1큰술

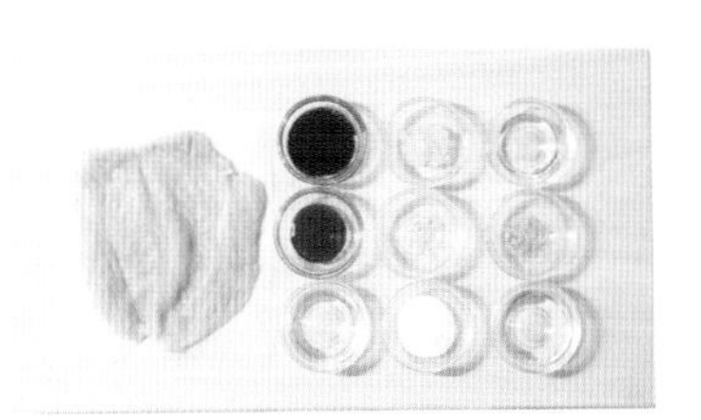

HOW TO MAKE

1. 로메인과 양상추는 찬물에 담가 싱싱하게 만든 뒤 깨끗이 씻어 물기를 제거해주세요.
2. 토마토는 가로로 도톰하게 슬라이스한 뒤 키친타월로 물기를 제거해주세요.
3. 닭가슴살은 가로로 깊게 칼집을 넣어 넓게 펴준 뒤 밑간 양념에 10분 이상 재워주세요.
4. 양파는 도톰하게 채 썬 뒤 올리브오일을 두른 팬에 올리고 허브솔트를 뿌려 갈색이 돌 때까지 충분히 볶다 발사믹식초를 넣고 잠시 더 볶아줍니다.
5. 팬에 올리브오일을 두르고 3을 올려 앞뒤로 노릇하게 구운 뒤 잠시 덜어둡니다.
6. 데리야키소스 재료를 팬에 넣고 끓이다가 절반 정도로 졸아들면 5를 올리고 소스가 잘 입혀지도록 졸여 데리야키 닭가슴살구이를 완성합니다.
7. 식빵 한쪽 면에 크림치즈를 바른 뒤 로메인, 양상추, 토마토, 데리야키닭가슴살, 캐러멜라이징양파, 고다치즈 순으로 올립니다.
8. 나머지 빵 한쪽 면에 허니씨겨자머스터드 스프레드를 바른 뒤 7에 덮어 샌드위치를 완성합니다.

TOPPING

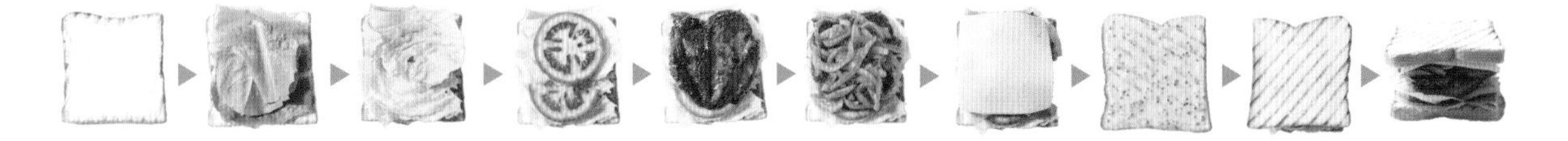

과카몰리 햄 치즈 샌드위치

아보카도 요리 중 가장 대중적이고 맛있는 과카몰리를 활용한 샌드위치예요.
크루아상에 과카몰리와 햄, 치즈를 더해 이국적인 맛을 즐길 수 있어요.

INGREDIENTS

미니크루아상(13cm) 3개
체더슬라이스치즈 1.5장
샌드위치햄 3장

과카몰리
아보카도 1/2개(손질 후 75g)
토마토(소) 1/2개(손질 후 40g)
양파 25g
할라피뇨 슬라이스 5개
레몬즙 1작은술
올리브오일 1작은술
꿀 1작은술
파마산치즈가루 1작은술
허브솔트 약간

크림치즈 1.5큰술

HOW TO MAKE

1 양파는 큼직하게 다진 뒤 찬물에 잠시 담가 매운맛을 없애고 물기를 제거해주세요.
2 토마토는 씨를 빼낸 뒤 양파와 비슷한 크기로 썰고 키친타월로 물기를 제거해주세요.
3 할라피뇨는 잘게 다집니다.
4 후숙한 아보카도는 반으로 잘라 씨와 껍질을 제거하고 레몬즙을 더해 으깬 뒤 1, 2, 3과 나머지 재료들을 넣고 잘 섞어 과카몰리를 만들어주세요.
5 크루아상은 가로로 깊게 칼집을 넣은 뒤 170~180℃ 오븐이나 에어프라이어에 2분 정도 구워 식혀주세요.
6 빵 한쪽 면에 크림치즈를 바른 뒤 체더치즈, 샌드위치햄, 과카몰리 순으로 올려 샌드위치를 완성합니다.

TIP

- 크림치즈는 실온에 미리 꺼내 부드럽게 만든 뒤 발라주세요.
- 과카몰리 재료는 최대한 물기를 제거해야 질척거림 없이 맛있게 만들 수 있어요.

Strawberry Shortcake Croissants'Sandwich

딸기 생크림 크루아상 샌드위치

단단하게 생크림을 휘핑해 크루아상 사이에 딸기와 함께 넣고
샌드위치를 만들었어요.
하나씩 들고 먹기 좋은 사이즈라 티푸드로도 좋아요.

INGREDIENTS

미니크루아상 4개, 딸기 6~8개, 슈가파우더 약간
그린피스타치오 약간, 허브 약간
생크림(유크림 100%) 150g, 설탕 15g
쿠엥트로(오렌지리큐르) 1작은술

HOW TO MAKE

1. 딸기는 깨끗이 씻어 물기를 제거하고 길게 반으로 자릅니다.
2. 차가운 상태의 생크림에 설탕과 쿠엥트로(생략 가능)를 넣고 핸드믹서로 휘핑해 단단하게 크림을 만든 뒤 짤주머니에 넣어둡니다.
3. 피스타치오는 적당히 다집니다.
4. 크루아상은 가로로 깊게 칼집을 넣은 뒤 크림을 넉넉히 짜 올리고 딸기도 적당히 얹습니다.
5. 슈가파우더를 뿌리고 다진 피스타치오와 허브를 올려 샌드위치를 완성합니다.

TIP

- 생크림은 꼭 차가운 상태여야 합니다. 날씨가 더울 경우 얼음물에 받쳐 진행하면 좀 더 크림이 잘 만들어집니다.
- 슈가파우더 대신 잘 녹지 않는 데코스노우를 사용해도 좋습니다.

TOPPING

소금빵 앙버터 샌드위치

Japanese Red Bean Butter Sweet Sandwich with Salted Butter Rolls

달콤한 팥앙금과 고소한 버터의 만남!
앙버터를 메인으로 하여 소금빵으로 샌드위치를 만들어보세요.
짭쪼롬한 맛이 더해져 고소함과 달콤함이 업그레이드될 거예요.

INGREDIENTS

소금빵(16cm) 2개
팥앙금 160g, 무염버터 90g

팥앙금(약 6개 분량)
팥 200g, 설탕 100g, 소금 1/3작은술, 물 800ml

HOW TO MAKE

1 팥은 깨끗이 씻어 하룻밤 물에 불린 뒤 넉넉한 물과 함께 냄비에 넣고 센 불에서 바르르 끓으면 불에서 내려 헹궈줍니다. 떫은 맛을 제거하는 과정입니다.
2 냄비에 팥과 물 800ml, 소금을 넣고 푹 물러질 때까지 삶아줍니다. 물이 부족하면 중간중간 추가해줍니다.
3 불을 끄고 핸드블랜더나 매셔로 곱게 으깬 뒤 설탕을 넣고 중약불에서 저어가며 수분을 날려줍니다. 식으면 좀 더 되직해지니 감안해 팥앙금을 완성합니다.
4 버터는 두껍지 않게 슬라이스합니다.
5 소금빵은 가로로 깊게 칼집을 넣은 뒤 팥앙금, 버터 순으로 올려 샌드위치를 완성합니다.

TIP

- 버터의 맛과 향이 큰 영향을 미치는 만큼 질 좋은 프랑스산 고메버터를 추천합니다.
- 시판 팥앙금을 사용할 경우 단맛이 강할 수 있으니 양을 조절해줍니다.

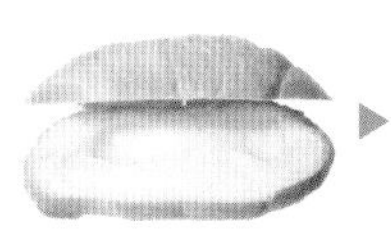
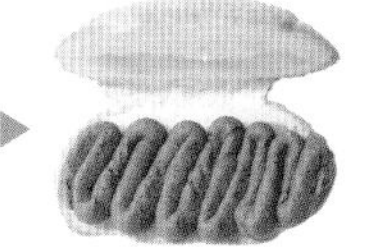

불닭 치즈 또띠아 샌드위치

매콤한 불닭치킨에 모차렐라치즈와 체더치즈로 고소함을 더해 또띠아로 감싸 만든 따뜻한 샌드위치예요.
쭉 늘어나는 치즈가 별미입니다. 시원한 맥주와도 잘 어울려요.

INGREDIENTS

또띠아(20cm) 1장, 모차렐라치즈 40g
체더슬라이스치즈 1장, 선드라이토마토 4개

불닭구이

닭다릿살 100g

〈밑간 양념〉

맛술 1작은술, 허브솔트 약간

〈불닭 양념〉

불닭소스 2/3큰술, 고추장 1/3작은술
진간장 1/3작은술, 다진 마늘 1작은술
생강가루 약간, 맛술 1큰술
올리고당 1작은술, 물 1/2큰술

양파볶음

양파 45g, 버터 1작은술

요거트마요 스프레드(143쪽 참조) 1.5큰술

HOW TO MAKE

1 닭다릿살은 칼집을 넣어 평평하게 펴준 뒤 깨끗이 씻어주고 밑간 양념에 30분 재워 물기를 제거해주세요.
2 양파는 채 썰어 버터와 함께 갈색이 돌 때까지 충분히 볶아주세요.
3 기름을 두르지 않은 팬에 1을 올리고 앞뒤로 노릇하게 구운 뒤 잠시 덜어둡니다.
4 팬에 불닭 양념을 넣고 끓이다가 걸쭉해지면 3을 올리고 양념을 앞뒤로 입혀 불닭구이를 완성합니다.
5 또띠아 중앙에 요거트마요 스프레드를 바른 뒤 체더치즈, 불닭구이, 양파볶음, 선드라이토마토, 모차렐라치즈 순으로 올립니다.
6 양 가장자리를 먼저 접은 뒤 위아래로 접어 감싸고 팬이나 샌드위치메이커에 치즈가 녹을 때까지 구워 샌드위치를 완성합니다.

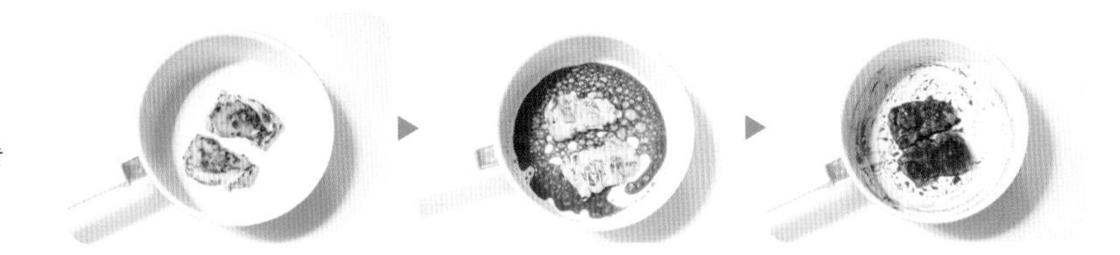

TIP

닭다릿살은 껍질 쪽이 바닥으로 향하도록 놓고 굽기 시작합니다. 그래야 기름이 나와 잘 구워진답니다.

TOPPING

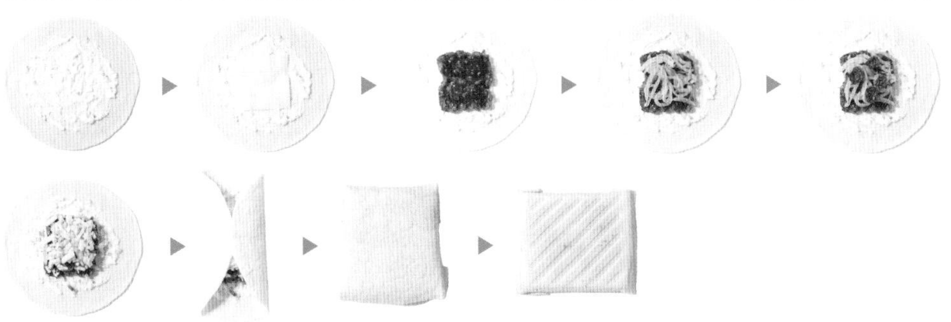

오이 참치 샐러드 샌드위치

고소한 참치마요 샐러드와 아삭한 오이가 잘 어우러지는 샌드위치입니다.
오이를 길고 얇게 썰어 절여 구불구불 접어 토핑하면 더 예쁜 모양으로 완성할 수 있어요.

INGREDIENTS

모닝빵(25g) 3개
오이 1/2개
〈오이절임 양념〉
소금 1/4작은술, 설탕 1작은술, 식초 1작은술

참치 샐러드
캔참치(100g) 1개
다진 양파 3큰술
콘옥수수 3큰술
〈샐러드 소스〉
마요네즈 3큰술
홀그레인머스터드 1/3큰술
꿀 2/3큰술, 레몬즙 약간
허브솔트 약간

크림치즈 1.5큰술
딸기잼 1.5큰술

HOW TO MAKE

1 오이는 깨끗이 씻어 감자칼로 길고 얇게 6줄 정도로 슬라이스한 뒤 오이절임 양념에 10분 정도 재우고 키친타월로 물기를 꼼꼼하게 제거해주세요.
2 캔참치는 체에 밭쳐 살코기와 기름을 분리해주세요.
3 양파는 굵직하게 다져 찬물에 잠시 담가 매운맛을 없앤 뒤 물기를 제거하고, 콘옥수수도 물기를 제거해 준비해주세요.
4 볼에 참치살코기와 3을 넣은 뒤 샐러드 소스를 더해 잘 섞어 참치 샐러드를 만들어줍니다.
5 모닝빵은 가로로 깊게 칼집을 넣은 뒤 안쪽 면에 각각 크림치즈와 딸기잼을 바르고 오이, 참치 샐러드 순으로 올려 완성합니다.

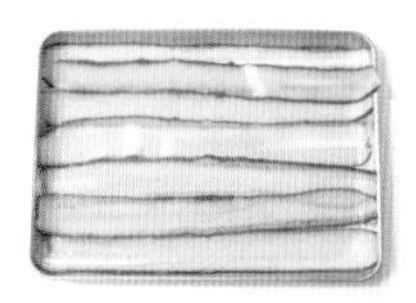

TOPPING

New York Hot Dogs' Sandwich

뉴욕 핫도그

핫도그번 사이에 칼집을 촘촘히 넣고 구운 큼지막한 소시지를 넣어 뉴욕 느낌이 물씬 나는 샌드위치입니다.
바삭하게 튀긴 양파플레이크를 솔솔 뿌려 올려보세요.

INGREDIENTS

핫도그번(17cm) 2개
롱후랑크소시지 2개
(자색)양파 50g
오이피클 30g
양파플레이크 적당량
체더슬라이스치즈 2장
식용유 약간
버터 약간

양파플레이크
양파 1개(125g)
튀김가루 3큰술
식용유 넉넉히

홀그레인마요 스프레드(142쪽 참조) 2큰술
케첩 약간
옐로머스터드 약간

HOW TO MAKE

1 플레이크용 양파는 0.2cm 정도 두께로 채 썬 뒤 튀김가루와 함께 위생백에 넣고 흔들어 잘 섞어주세요.
2 냄비에 식용유를 넉넉히 넣고 달궈지면 1을 넣고 중약불에서 옅은 갈색이 돌 때까지 튀겨주세요.
3 2를 에어프라이어에 펼쳐 넣고 170℃에서 2분 정도 구운 뒤 키친타월로 기름기를 제거해 양파플레이크를 완성합니다.
4 (자색)양파는 굵직하게 다져 찬물에 잠시 담가 매운맛을 없앤 뒤 물기를 제거하고, 오이피클도 다져 준비합니다.
5 소시지는 자잘하게 칼집을 내어준 뒤 식용유를 약간 두른 팬에 앞뒤로 노릇하게 구워줍니다.
6 핫도그번은 가로로 깊게 칼집을 넣은 뒤 에어프라이어나 버터 두른 팬에 짧게 구워줍니다.
7 빵 안쪽 양면에 홀그레인마요 스프레드를 바르고 (자색)양파 적당량, 오이피클 적당량, 치즈, 소시지, 남은 (자색)양파, 남은 오이피클 순으로 올립니다.
8 7에 케첩과 옐로머스터드를 뿌린 뒤 양파플레이크를 올려 샌드위치를 완성합니다.

TOPPING

매콤 치킨텐더 샌드위치

바삭한 치킨텐더에 스리라차마요와 허니머스터드 스프레드로 매콤 달콤함을 더했어요.
양배추와 토마토를 듬뿍 넣어 영양도 만점이에요. 나들이 도시락 메뉴로도 참 좋습니다.

INGREDIENTS

식빵 2장
치킨텐더(시판) 3개
달걀 1개
양상추 4장
양파 슬라이스 1개
토마토 슬라이스 2개
오이피클 슬라이스 6개
체더슬라이스치즈 1장
식용유 약간

홀그레인마요 스프레드(142쪽 참조) 1.5큰술
허니머스터드 스프레드(142쪽 참조) 1.5큰술
스리라차마요 스프레드 I (142쪽 참조) 1.5큰술

HOW TO MAKE

1 양상추는 찬물에 담가 싱싱하게 만든 뒤 깨끗이 씻어 물기를 제거해주세요.
2 토마토는 가로로 도톰하게 슬라이스한 뒤 키친타월로 물기를 제거해주세요.
3 양파는 가로로 도톰하게 슬라이스한 뒤 찬물에 잠시 담가 매운맛을 없애고 물기를 제거해주세요.
4 달걀은 프라이합니다.
5 치킨텐더는 식용유를 넉넉히 두른 팬에 굽거나 에어프라이어에 넣고 앞뒤로 노릇노릇 바삭하게 구워주세요.
6 식빵에 한쪽 면에 홀그레인마요 스프레드를 바른 뒤 양상추, 토마토, 양파, 오이피클, 달걀프라이, 치킨텐더 순으로 올리고 허니머스터드 스프레드를 뿌려주세요.
7 6에 체더치즈를 올리고 나머지 빵 한쪽 면에 스리라차마요 스프레드 I을 바른 뒤 덮어 샌드위치를 완성합니다.

TOPPING